オートオークション

荒井商事の挑戦

森 彰英

アライオートオークション会場

小山会場空撮

自動車のみならず、バイク、トラック、建設機械から産業機械まで、ワイドバリエーションを誇る会員制のオートオークションを全国4会場で1週間に7開催。

車両の出品から始まり、落札、国内輸送・海外輸送まで、あらゆるサービスが用意されている。

「今週はバイクを売りたい、来週はトラクターを買いたい」、そんな取引もアライオートオークションでは可能にしている。

小山会場

30 年の歴史を誇るアライオートオークション最初の会場で、栃木県小山市に立地。

北関東を中心に専業店や関東全域のディーラー販社が数多く参加している。最近は国内のみならず、外国人バイヤーが激増し、まさに世界最大級のオークション会場である。

外観

小山会場

オークションルーム

出品車

小山会場

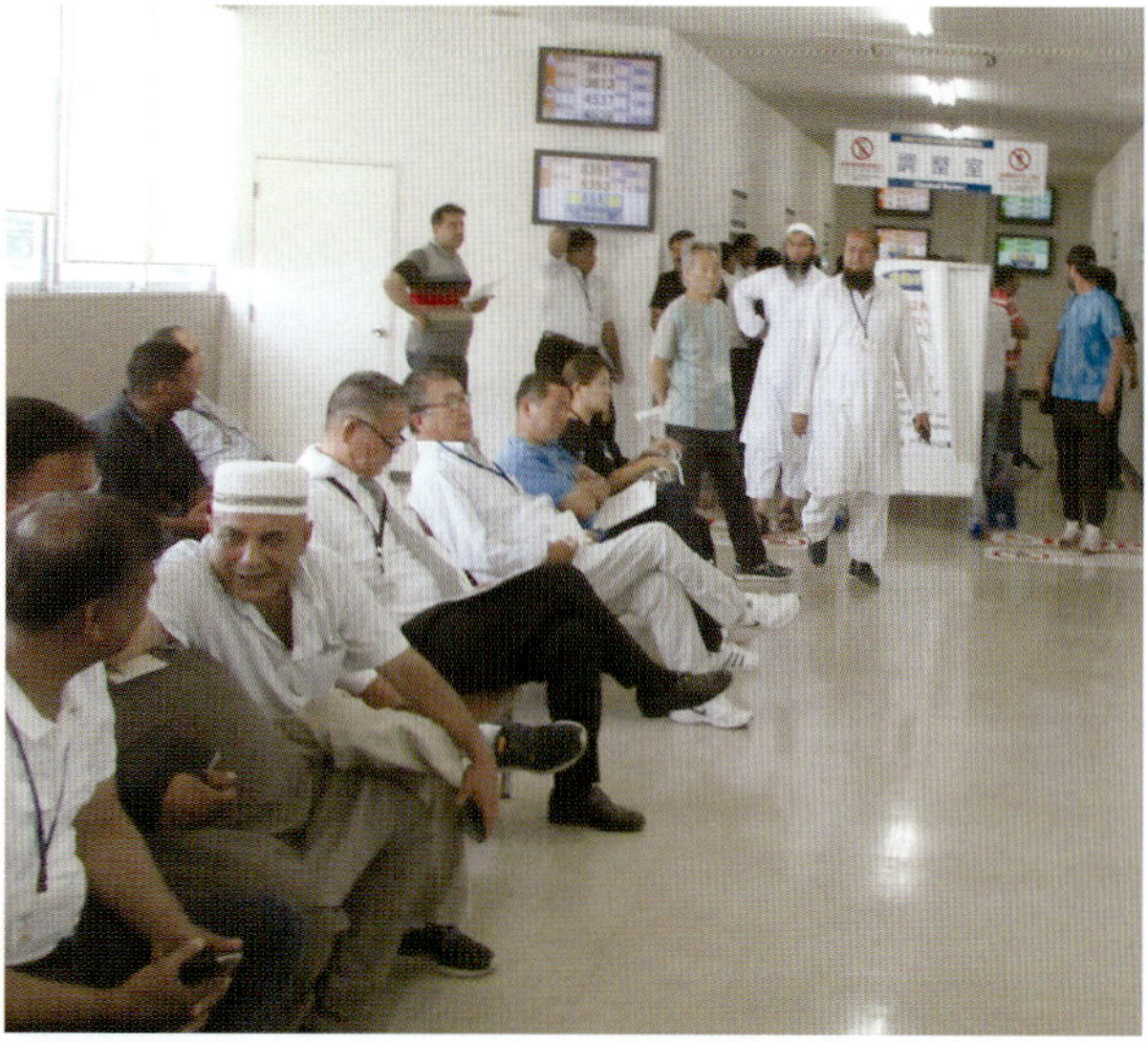

会場には多数の外国人バイヤーも参加

食堂には外国人の姿が目立つ

イスラム教徒向けのハラルフードも用意されている

❀小山建機会場❀

出品車（上・下）

ベイサイド会場

川崎市の港湾地区に立地し、首都高速の湾岸線、羽田空港に隣接している絶好のロケーション。

日本唯一の船積み前輸出検査場を併設し、世界を視野に入れたサービスを展開中である。

空撮

ベイサイド会場

外観

オークションルーム

出品車

バイク出品車

仙台会場

海外への輸出向けとして、関東・北陸からの注目度も高く、乗用車以外にも、小型バンから大型トラック、建機や特殊車両等の取引も増加中。コンパクトな運営で、東北では他にない特色を持つ会場として根強い人気を維持している。

空撮

仙台会場

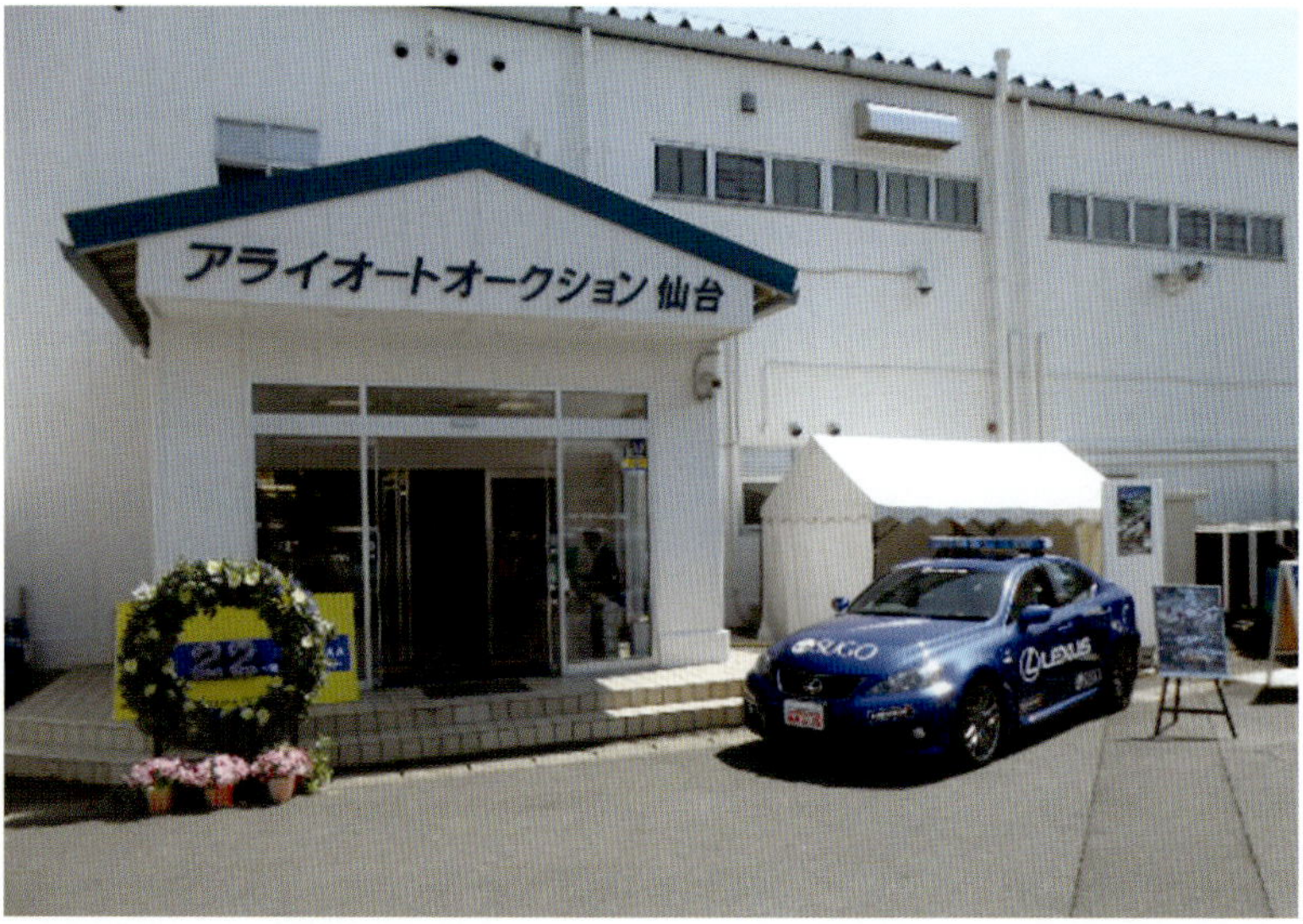
アライオートオークション 仙台
SUGO
LEXUS
外観

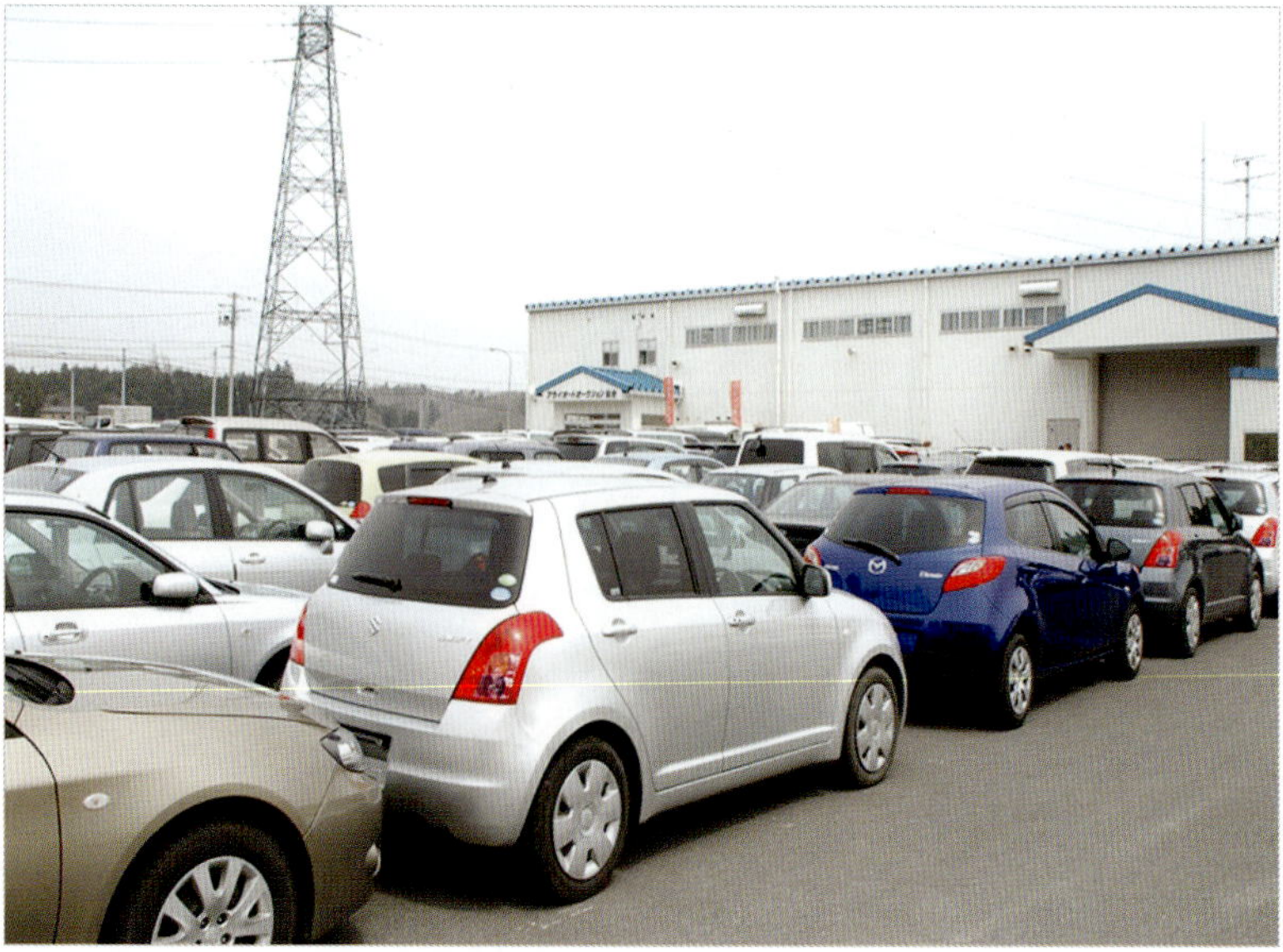
出品車

福岡会場

提携企業である九州中央オートオークション（ＫＣＡＡ）の福岡会場内にて、活気溢れるバイクオークションを開催中。

その歴史は20年を超え、毎月開催される記念開催では、近隣各県のオートバイ組合と共に二輪業界活性化に向け取り組んでいる。近年では共通会員として参加できるＫＣＡＡ会員の取引も増加し、成約率が安定、平均単価も上昇中である。

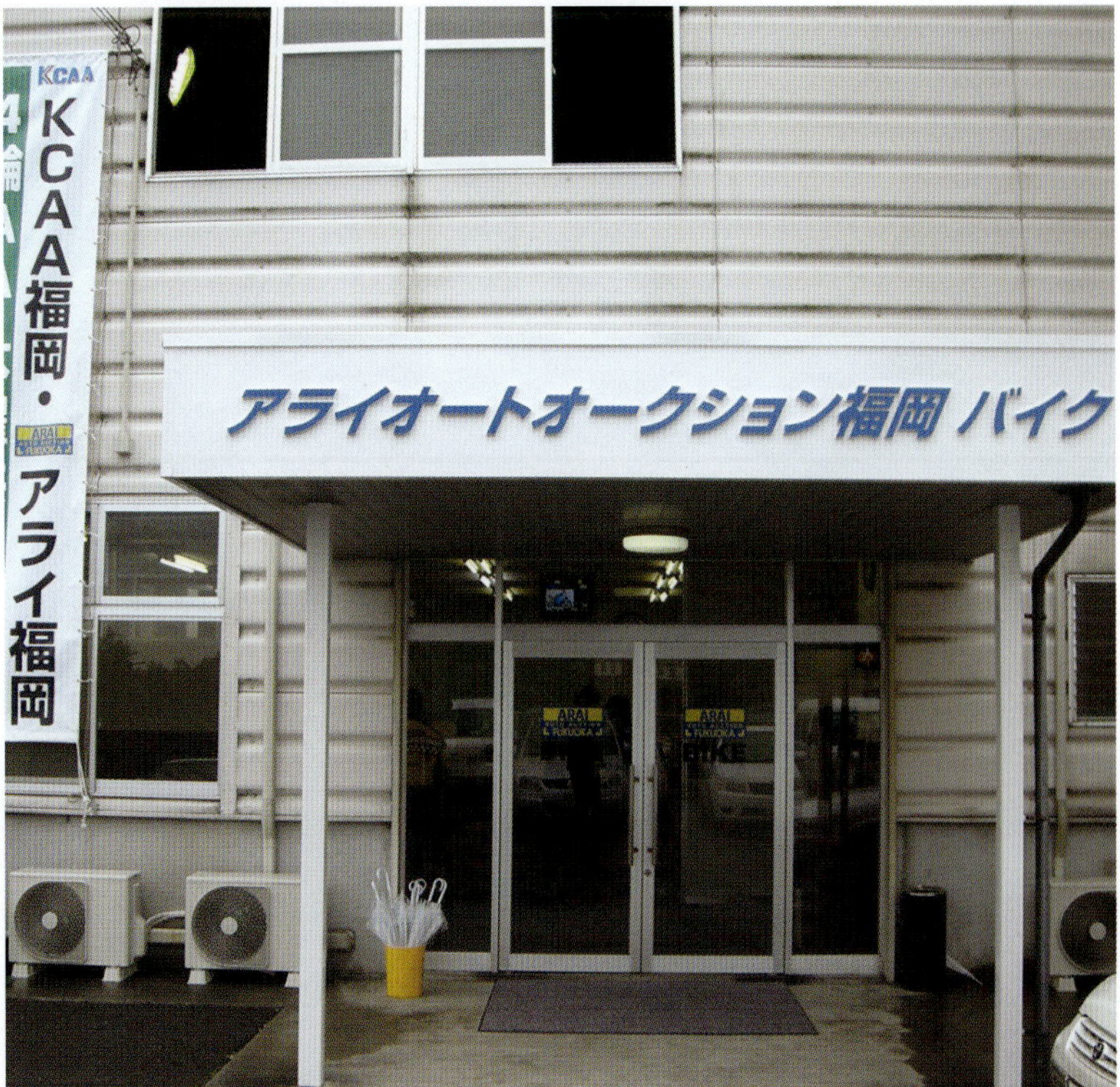

外観

福岡会場

出品車

荒井家の人々

荒井家のルーツは現社長荒井亮三の祖父・荒井源太郎が1920年（大正９年）に始めた米穀・雑穀・飼料の卸売業である。以来約100年、亮三の父・荒井権八が源太郎の事業を継承、さらに大きく発展させた。30年前の1984年、権八は栃木県小山に３万3000坪の土地を取得、現在の荒井商事の柱であるオートオークション事業に乗り出す。

そして権八のフロンティアスピリットは三代目の亮三に引き継がれ、今日の姿となった。ここでは荒井家の思い出の一コマを紹介しよう。

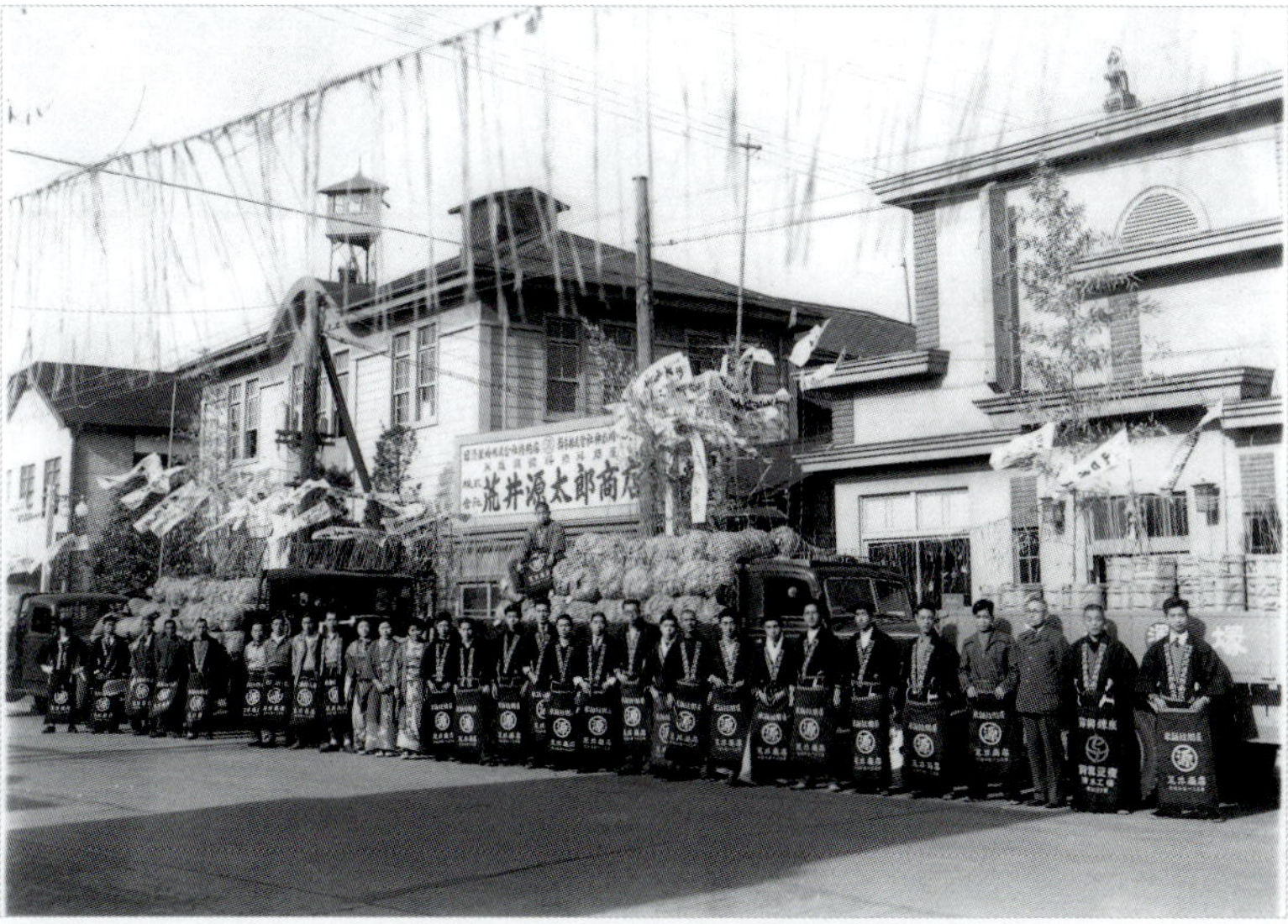

大正９年に創業した荒井源太郎商店

荒井源太郎商店の初荷風景

亮三の祖父・荒井源太郎

荒井商事を大きく飛躍させた父・荒井権八

開業当時のオークション会場風景

オークション会場での権八（中央）

父・権八と荒井三兄弟（左より次男・喜八郎、長男・寿一、三男・亮三）

オートオークション 荒井商事の挑戦●目次

第1部　アライオートオークションの現場から

オートオークション

荒井商事の挑戦

第1部
アライオートオークション
の現場から

仙台会場出品車

◎2017年夏——小山

2017年の夏は、雨天の日が多く灼熱の夏日が少なかったことで、人々の記憶に残るのではないか。夏恒例のアウトドアレジャーをあきらめた人も多く、せっかくの夏休みに不完全燃焼感が漂った。

そんな中を私は栃木県小山市に通っていた。自宅のある川崎市からはJR湘南新宿ラインを利用するのが最速ルートなので、武蔵小杉駅から乗車して小山駅まで直通ルートを辿った。渋谷、新宿、池袋、赤羽という東京のターミナルを経由して埼玉県に入り、大宮から先は、車窓から埼玉県の住宅地や田園地帯を眺めているうちに利根川を渡って栃木県に入り、宇都宮の手前が小山である。

不思議なことに小山に到着した時は、雨が降っていたり肌寒い曇天であったりしても、アライオートオークション小山会場に到着した午前11時ごろには、炎天下の真夏になっていた。これは偶然の一致だが、後で思い出すと、私は季節を乗り越えて〝異国〟にさまよい込んで、〝非日常〟を体験したような心地がした。

そこで私を圧倒したのは、会場を埋め尽くしたバントラ（バンとトラック）や四輪、建機、農機の数や完璧にIT化されたオークションのシステムではなく、そこに集まっている人々のきわめて人間的な動作であり表情であった。

ここは国境を超えて形成された〝まち〟ではないか。この仕事の前に、私は少子高齢化時代における大手私鉄の沿線戦略というテーマで取材していた。その時に強く感じたのは持続可能な〝まち〟の必要性だった。ここで私が使う〝まち〟という言葉は、都市空間と人の動きが総合された意味で使ったつもりである。

そんな余韻がさめないうちに小山会場に来たのだが、そこで私が接した〝まち〟はどうだったのか。そこには外国人、それも日頃接することが滅多になかったムスリム（イスラム教徒）の存在が目立ち、おたがい同士、きわめて緊密なコミュニケーションが保たれていることが感じられた。

極度にＩＴ化されたオークションからは、そこでどのような金銭の動きがあり、いかに参加者が知力を傾け、欲望を発露させているのかをうかがい知ることはできない。しかし、そこに集う人たちの会話の内容はまったくわからなくても、彼らがその場所で、感情の共同体を形成していることだけはわかった。

こんな都市空間がいま日本にあるだろうか。私は対照的に、最近各地で進んでいる都市開発によって生まれている空間を思い出した。高層の建物にあるオフィスや住宅は閉鎖された空間で、外部とのコミュニケーションも情報機器に依存するため、フェイス・ツー・フェイスの機会は失われている。都会からは、何となく人が寄り合う小路や、肩を寄せ合って歩く細道や、偶然の出会いが期待できそうな坂道が減った。開発する側もその点には気がついているらしい。

最近、渋谷に完成した複合施設ではオフィス棟にオープンスペースを設け、人々が自由に来て、出会いが生まれることを期待している。つまり施設はステージであり、そこに出入りする人々が主役であるというコンセプトだ。

しかし小山会場はそんな理屈をはるかに超越して、国境を超えて人々が出会い、ビジネスが派生している。それも単なる出会いの空間ではなく、高度に構築された最新の情報空間と共存しながら、私たちが忘れてしまったような人間的な営みが展開されているのだ。

私は再び湘南新宿ラインで帰途についた。いつもなら池袋や渋谷などに途中下車して、その日の気分で選択した〝まち〟を散策したくなるのだが、とてもそんな気にならなかったのは、小山会場の〝異国性〟があまりにも強烈だったからである。

武蔵小杉で降りて、行きつけのカフェで休みながらあらためて考えた。私がいま体験してきた〝異国のまち〟は常に小山にあるわけではない。オークションの開催日だけに現われてすぐに消えてしまう。

そこに集まる外国人が日本のどこに住み、どんな仕事場を持ち、どんな暮らしを営んでいるかは、オークションの主催者もほとんど知らないという。

まして彼らが海外のどんな国、どんな相手と関わりを持ち、小山で仕入れた車や建機がどう取引されているかはまったく分かっていない。彼らの仕事のほとんどはインターネットを通じて行われるから、とても実態を把握できない。

オークション開催日に小山で見せる動きだけがリアルで、後は巨大なバーチャル空間の彼方にある。

私の想像力はこのあたりで途切れてしまう。オートオークション（現在、荒井商事では単にオークションという呼び名にそのコンセプトを広げているが、その背景などは後述する）はなんと広大、無限な広がりを持つのか。

夏がいつ終わったのかわからない、相変わらず不安定な天候が続く中で、私はほんの一端を垣間見たに過ぎないのに、なぜか興味を持ってしまったこの世界を、自分なりに捉えてみようとメモを整理し始めた。

あらためて説明すると、このオートオークションを展開する荒井商事の事業領域は、「食品流通&遊技部門」と「オートオークション部門」の二つからなる。荒井商事のルーツは1920年、米穀卸業として創業。

以来、時代に先駆けてキャッシュ&キャリースタイルの総合食品卸売市場を開設。ブラジル最大手の飲料メーカーと業務提携、貿易業の拡大、食品スーパー「アルズフーズマーケット」の拡大など、〝食〟の分野で、多面的に事業を推進してきた。生産から加工、流通、販売までトータルプロデュースした商材を有しており、〝つなぐ〟だけの商社の枠組みを超えた事業展開を特徴とする。

一方「オートオークション部門」は、1987年に小山支店に「関東中央オートオークション（ＫＣＡＡ）を開設したのが始まり。ここには、当時オークション業界の先駆けとして最新のコンピューター制御システムを導入したオートオークション会場がオープンした。以来、ＩＴ技術の発展にともない、遠隔地からリアルタイムに応札できる仕組みなど、常に新しいシステムを取り入れてきた。

乗用車やバイク、大型トラックや建設機械、農業機械、産業機械までの幅広いラインナップと、海外オークションとの提携、様々な周辺サービスの充実などが、アライオートオークションの特徴である。

日本国内のみならず世界中のユーザーに高品質な中古車両を届ける、その巨大な流通機構の中核を担っているのがアライオートオークションなのである。

２０１７年はこのようなオークション事業が始まってから30年の節目である。いま「第四次産業革命」の時代と言われるほど、人間を取り巻く環境は激変しつつある。

こうした中で荒井商事が培い、発展させてきたオートオークション事業はどのように進化・発展を遂げるのか。私たちは30年の節目にこれまでの発展を回顧しようとしているのではない。全世界レベルの変革期に対応して、アライオートオークションはいかに進化・深化しようとしているのか。そのような未来を見据えた現実を描き出すことが本書の目的だが、前述した通り、まずその足掛かりを小山のアライオートオークション会場に求めてみた。

⊛1日に4000台規模のオークション

この壮観は、俯瞰的に捉えたらさぞ迫力があると思われたが、あいにく付近に小高い場所はない。東北新幹線、宇都宮線、両毛線、水戸線が乗り入れているJR小山駅から車で約10分。住宅地の向うに続く広大なスペースに多数の車が駐車している。

2017年9月2日。毎週土曜日恒例のバントラオークションの開催日。会場を埋めつくしているのは各種のバン、トラックからダンプ、コンクリートミキサー、クレーン車、冷凍車、バス、さらにトラクターなどの農業機械も混じる。さながら実物に接することができる極め付きの自動車図鑑である。この日の出品台数は3395台。セリの開始は午前10時5分だが、オークションの流れについて荒井商事オークション・カンパニー小山支店長の山口真一から次のような説明を受けた。

まず、アライオートオークション（以下AAと表記）への参加はアライAAグループの会員のみに認められる。その会員資格とはどんなことか。同グループ規約から第7条（会員資格）のみを引用してみよう。

アライAAが開催するオートオークションへの参加は、アライAAが定める会員登録を行った者にのみ認められ、その会員資格は以下の各号の要件を満たす者とします。

（1）古物商許可証を有する者で、自動車・二輪車・建機、農機等の商いを主たる業務としていること。
（2）アライＡＡと会員契約を締結した者であること。
（3）事業設立及び古物商許可証を受けてから2年経過しており、また営業時間内に連絡の取れる営業拠点もしくは整備工場を持ち、現に営業活動を行っていること。
（4）前各号の要件を満たし、アライＡＡに参加を承認された者であること。
（5）その他、アライＡＡが特別に認めた者であること。（以下略）。

オークションへの出品物の搬入は基本開催日の1週間前から始まる。つまり前回のオークションが終了し、落札あるいは流札した車両が搬出されると、その後を埋めるように次のオークションへの出品車両が搬入されてくる。新しく搬入された車両は、アライＡＡグループ規約に定められた検査基準に従い、アライＡＡグループの担当者により綿密な検査が行われる。次がコンピューターに入力する画像制作のための写真撮影。

支店長・山口真一

「乗用車、バントラは基本4、5カットの撮影で、車両内容によりカット数を多くしているが、形状などの個体差が大きく部分的な動きが重視される建機類は20～30カットを必要とする場合もある。細かい形状の変化などを撮影す

小山会場バントラ6レーン

小山会場出品車

小山会場オークションルーム

る場合には40~50カット撮ります」(山口)。

オークション前日までに出品車リストが完成する。車名・グレード、形状・形式、年式モデル、車検日、排気量、色、走行キロ数、シフト・エアコン、定員などの項目にデータが書き込まれ、評価までが与えられている。これと画像を組み合わせたデータがホストコンピューターに入力される。

バントラオークションでは、これらのデータがAからFまでの6レーンに区分けされる。出品車両リストは「A・Bレーン」、「C・D」レーン、「E・Fレーン」と3種類準備されている。オークション参加者はこのリストを開始前に目を通し、「自分はどのあたりをねらうか」の作戦を練ってから臨むことができる。もちろん事前に下見もできる。

山口によれば、

「四輪の乗用車の場合、形状は一定しており、車検や走行距離などのデータによって判断基準が確定し応札の備えが出来上がる。これに対してバントラはやはり現物を目で見て手で触れ、使い心地や値ごろ感を確かめる余地が大きくなる。さらに農機、建機となるとユーザーの労働環境に適合するかとか、使用する現地の景気などを勘案して中古商品として流通する採算性など、現物に接して確かめる要素が多くなります。だから会場に来て下見してからオークションに参加する〝リアル派〟が多数になる。

これに対して四輪、バイクは事業所から直接ネットで参加する〝バーチャル派〟が主流となる。バントラ、建機ではその割合が7対3、あるいは6対4であるのに対して、四輪、二輪では5対5あるいは4対6ぐらいに逆転します」

午前10時5分、バントラオークションのセリがスタートした。本会場2階のオークションルームは最近の映画館、あるいは大学の講堂に見られるすり鉢状の構造で、前方の舞台、スクリーン前の位置にAからFまでの6レーンが設置されている。各座席にはコンピューター端末が備えられており、次々と映し出される画像に対して手元のボタンを押すことでセリに参加する。

最高値を示した者が落札となるが、出品者がそれに不満で、セリが流れる場合もある。いずれにしてもその間、5〜6秒。画面はすぐに次の映像に切り替わる。場内に響くのはレーンの画面転換を知らせる音声だけ。まったく静寂で人の話し声は聞こえない。しかし廊下に出ると、セリの流れを見ながら作戦を変更するのか、立ち話でひそひそと情報を交換する参加者たちのヒューマンな存在感が身に迫る。

❁オークションのキーワードは「期待」と「信頼」

バントラオークションの4日前、8月29日(火)にアライ建機オークションが開催された。オークション会場はバントラ、四輪と同じだが、出品された建機類を下見する場所が異なる。アライオートオークション小山会場とは別に常設された建機会場をのぞいて、そこに並んでいる建機類の多彩さに目を見張った。会場のA地区にはトラッククレーン、高所作業車、アスファルトフィニッシャー、あるいは各種ローラーなどが、B地区にはフォークリフト、C地区には発電機、アタッチメント、コンプレッサーなど、D地区にはメイン商材となる油圧ショベル、ブルドーザー等が並んでいる。見本品ではなく、それぞれ現場で使い込まれた痕跡をとどめ、ダイナミックに動き続ける日本の建設業界の雰囲気が伝わってくる。それと同じ建機の種類にもこんなにバラエティがあるのかという見本市的な興味も満たしてくれる。

この会場に出品された建機類は約680点。建機オークションの開始は午後一時からなので、朝から丹念に下見する、あるいは数日前から何度もここに足を運び下見を重ねるバイヤーの姿が絶えない。なお建機オークションもバントラとまったく同じ形式だが、レーンはA、B2レーンである。

建機事業部統括・川村仁佐

アライオートオークションが建機の部門を設けたのは2015年1月から。バントラオークションと分離して毎週火曜日に建機オークションを開設したのは2017年4月からである。初代の建機オークション統括者となった川村仁佐(オークションカンパニー建機事業部統括)が語る。

「この数年、建機の世界に新しい動きが起こっている。日本の建設業界が都市再開発事業などで活況を呈し、それに伴い機械のリニューアルが進み、中古品が多数放出されるようになった。これに対してアジア圏の国々でも建設マインドが高まり、建機の需要度が確実に上昇した。安定性のある日本の建機の中古品はこの良好なサイクルを維持し促進する要因となると思います。建機オークションはそのサイクル維持の最初のステップです」

なぜ川村がここまで自信を持って言いきれるのか。それは彼が数年前から、まだ当時はバントラオークションの一部であった建機に対して注がれる参加者の熱い視線に気がついたからである。「建機部門を独立させることで、四輪やバントラとは異質の流通地図が描けるのではないか」という構想が拡大し実現に至った。しかし、開催日を毎週火曜日に設定したことには迷いがある。

「バントラも建機も両方を扱う会員が、土曜日のバントラオークションを終えて1日休んで月曜日から下見を開始して火曜日の建機オークションに臨むのか、あるいは前週から空き時間を利用して建機会場に足を運んで準備をしているのか、その行動がまだ完全に把握できていません。従って火曜日という設定が妥当であったかどうかはまだ見極めがついていません。しかし、これで小山が四輪、バントラ、建機の三部門を常設し、しかも毎週欠かさずに開催している日本でオンリーワンの存在になったことを誇りを持って自覚しています」（川村）

ここでいったん小山会場を離れて、オークションという集団的行為について考えてみる。

物品をめぐり、その価値を認めて高い代価を得ようとする売り手と、価値を査定して代価を提示する買い手の相関関係がオークションで、そこにはセリというドラマが派生する。セリは人類が集団生活を営むうえで生産・流通の現場で広く行われてきた。

構造主義人類学を確立したフランスのレヴィ・ストロースは、来日した時に東京・築地の魚市場のセリを見て、これこそ演劇性、幻術性までを備えた最高のオークションと絶賛したという。

セリがオークションと言い換えられると、確かにドラマチックな要素が色濃くなる。絵画や骨董、宝飾品などの価値が再発見され、作り手が予期しなかったような代価が提示されるオークションの場面は、これまで多くの小説や映画で取り上げられてきた。

しかしオートオークションから派生して、しだいに交通、運輸から建設や農業の分野にまで対象とする分野を拡大していった小山会場のオークションからは、そのようなドラマチックな要素は感じられない。むしろ日本の産業が直面している現在の状況であり、さらに近未来の姿もうかがい知ることができる。併せて日本を取り巻くアジア、中近東、あるいはアフリカまでの国々の過去・現在・近未来の産業の姿もうかがい知ることができる。

私はしだいに今まで頭にあった狭義のオークションという概念が払拭《ふっしょく》され、まったく新しい観点からオークションという集団的行為を捉え直そうとしていた。言いかえればオークションという装置や集団的行為が面白いのではなく、それを取り巻く世界が刻々と変化していることが限りなく面白いのである。

ただし、2002年に荒井商事に入社して15年目を迎えた川村は、最近になってオークションの本来の意義が理解できたという。彼の表現によればオークションの本質は期待と信頼の二語に要約されるという。すなわちオークションの参加者は期待を持っている。一方は自分が出品した品物ができるだけ高く評価され、買い手が現れるという期待であり、一方は自分の仕事の営業に有利となる品物を発見し、出来る限り安値で落札できればという期待である。

しかし、この期待がたびたび裏切られるようではオークションへの参加は永続しない。あの会場に行けば、ほぼ恒常的に期待感が満たされるというオークション主催者への信頼感が保たれて、はじめてオークション事業は成立する。オークション会場がいかに国際化しても、この原則は揺るぎなく存在し続けるであろう。

ところでオークションそのものはコンピューター化されているが、会場運営は人間集団の緻密なチームワークによって支えられている。どこで何が行われているかは、アライオートオークション小山会場に電話するだけで大体がつかめる。

自動音声が「ご用の方は以下の番号を押してください」と告げるが、その1番が書類などの処理をする書類課、2番が落札後のトラブルなどに対応するクレーム課、3番がオークション会場運営に伴うすべての業務を受け持つ営業課である。以下、4番が手数料など金銭の授受を管理する経理課、5番の企画課はオークションに伴うイベントなどのアイデアを創出、実施に当る。そして6番が会員管理課である。

⊛異郷のコミュニティが現われた

この取材を始める前に荒井商事社長の荒井亮三から言われたのは、何はさておき小山会場に行き、そこで何かを体感してくるようにということだった。

「あそこはわれわれの日常性から逸脱している。ここが日本かと思うような空間が生まれ、国際的なコミュニティが形成されています」

荒井はそれ以上の説明はせずに、あとは私の行動力を試すような口ぶりだった。

荒井に挑発されたわけではなく、まずはオークションの現場の雰囲気をつかもうと小山会場に足を運んだのだが、最初に会場本部の建物に足を踏み入れた時に感じたのは、ここは日本なのかという驚きであった。玄関ロビーに群れているのも、2階のオークション会場でセリに参加しているのも、コンダクタールームの周辺にたむろして小声で情報交換しているのも外国人である。小山会場の社員を除けば、オークション参加者の八割は外国人ではないかという印象だった。

会員のデータによれば、その国籍はパキスタン、アフガニスタン、ベトナム、タイ、スリランカ、中国などのアジア諸国に及ぶが、パキスタン人の存在感がひときわ目立つ。彼らの中にはムスリム（イスラム教徒）が多い。小山会場では独特の服装、ひげの濃い男性的な風貌からムスリムとわかる人たちの存在感が際立っていた。

会場側も年々増加するムスリムに対応している。礼拝室を設置し、食堂にはハラルフード(イスラム教の戒律で食することが禁じられている食材を除いた食品)を使ったメニューが準備されている。イスラム教徒は毎日決まった時刻に聖地メッカの方角に向い礼拝を行う。礼拝室にはメッカの方角を示したじゅうたんが敷かれ、身を浄めるための設備なども整っている。

9月初旬の土曜日、バントラオークションの日の食堂はムスリムが多数派であった。小山支店長の山口によれば、

「ラマダンと呼ばれる断食月が明けたのです。この期間を故郷で迎えるため夏休みを兼ねて帰国する人が多いが、先週あたりから一斉に仕事に復帰したのです」

食堂のあちこちで肩を抱き合う独特のポーズで再会を祝す図が見られ、ハラルフードのコーナーには長い列ができていた。私も日本食や中華ではなくハラルフードを選んだ。カウンターのパキスタン人がカレーの中味はマトンと野菜だと説明してくれた。

こんな雰囲気の中に身を置いていて、私はずいぶん昔に体験したトルファンのバザールを思い出した。中央アジアで中東と中国の交流点となる都市のバザールでは様々な人種が交流しあい、交易を目的とするコミュニティを形成していた。小山会場は単に外国人が集まり商取引をしている場所ではない。そこには多くの情報が飛び交い、それが刺激となってさらに商品の流通が活性化するのではないか。もちろんここで言う商品とは四輪、二輪、バントラ、建機、農機などの中古品である。

ベイサイド会場

ちなみにアライオートオークションのベイサイド会場も小山会場と同様な構造で、ハラルを備えた食堂も完備しているが、毎週火曜日の二輪オークション、金曜日の四輪オークション開催日には小山ほどの活気はない。廊下を行き交う人の数は少なく、食堂も空席が目立った。この差は何か。オークション・カンパニー会場運営担当・執行役員の出縄勤が明快に説明してくれた。

「ベイサイド会場は湘南会場（平塚市）を移設したものだから、横浜、川崎、湘南の会員が多く、早くからネットによる取引に馴染んでいた。ここで扱う四輪・二輪は仕様が決まっており、バントラや建機のように1台ごとに変化がないのでネットで大半が間に合うのです。また、外国人会員の関心はいま乗用車よりもバントラや建機に向いているので小山ほど人が集まらないのは確かです」

それにしてもなぜ近年オークションに参加する外国人が増えたのか。彼らはどこから来て、オークションに参加することを端緒に自らの仕事をどう構築しているのか。このテーマを追求していった研究者がいる。

なぜパキスタン人が中古車貿易で成功するのか

国際社会学、移民研究をテーマとする福田友子（千葉大学大学院人文社会科学研究科助教）の論文「パキスタン人移民の中古車貿易業とネットワーク形成」は、私が見たのと同じ車のオークションの場面から書き始められている。臨場感にあふれ、あの様々な人種が集まるコミュニティの雰囲気をよく伝えている。

ここでなぜパキスタン人が目立つのかという素朴な疑問を端緒として、福田は在日パキスタン人の世界に分け入っていく。

その前に中古車貿易業の業務の流れを次のように図式化して説明する。「仕入れ」オークション→「修理」修理工場、部品販売業者、解体業者→「運搬」運送会社→「輸出」輸出業者（乙仲）→「販売」卸売業者、小売業者、消費者。

福田はこれらのプロセスに関わる外国人業者と会って丹念な調査を重ねる。その中で日本人女性と結婚したパキスタン人が起業したカラチ社（仮名）という中古車業者を深く細かく調査しているが、その描写は研究論文というよりもノンフィクション的で読み応えがある。なるほどと思わせる指摘も少なくない。

例えば「(オークション参加に際して) 先発の外国人企業家Aは、後発の企業家Bが入会する際に保証人を依頼されるが、企業家Bもまた、さらに後発の企業家Cが入会する際に保証人となることを求められる」「日本製中古車は、パキスタン人企業家の手を通じて世界各地に渡り、しばしば日本語のロゴ入りのまま、一般市民の足として第二の人生を送ることになる」など。

さらに福田は在日パキスタン人の親族ネットワークの形成、トランスナショナルな販売網の拡大に及び、アラブ首長国連邦における中古車貿易拠点の形成など、地球規模に視野を広げるのだが、ここでは紹介しきれない。詳しくは福田友子著「トランスナショナルなパキスタン人移民の社会的世界—移住労働者から移住企業家へ」(福村出版) をお読みいただきたい。ここに紹介した論文はその一部で全体が340ページの大著である。

私はこの研究者がテーマに分け入っていった動機が、オークションの現場にあったことが大変おもしろかったのだが、最近また別の角度からアライオートオークション小山会場に熱い視線を注ぎ始めた人と出会った。小山市総合政策部の堀江和美 (総合政策課インバウンド・販路拡大係長) である。

⊛もうひとつのインバウンドは起こせるか

栃木県小山市は人口約16万7千人（2017年現在）、宇都宮市に次いで県内第2位の都市である。少子高齢化の時代、活力ある都市像を明確にしようと、2016年3月に策定した「第7次小山市総合計画」に位置づけた「新しい人の流れの創出プロジェクト」では次の3点を掲げている。

1. 「人と企業を呼び込む施策の推進」小山市には世界第2位の建機メーカー、コマツの工場があり、工業都市のイメージが強いが、新規工業団地の開発により産業基盤整備を進め、企業の誘致を図ろうとしている。
2. 「観光地化による交流人口の増大」では豊かな自然や文化などの地域資源を活用し、観光地化のための環境を整備するとともに、東京オリンピック・パラリンピック等を見据え、インバウンド等による観光誘客を推進する。
3. 「移住・定住の促進」では東北新幹線の停車駅であることや、湘南新宿ラインで、鎌倉、横浜から渋谷、新宿、池袋などに一直線でアクセスできる利点を活かし、若者や女性、子育て世代に住みたい・住み続けたい〝まち〟として選ばれるよう、都市の魅力を発信する。

このうち、堀江和美に課せられたのが、インバウンド（外国人の訪日誘致）対策であった。同じ栃木県でもすでに国際的な観光地として有名な日光市や、東北への入口としての拠点性を持つ宇都宮市とは異なるインバウンドの流れを起こすことができるのか。どこから手をつけるか、思い悩んでいた時、市内にアジア系外国人が集まる場所があると聞いて、特別に許可をもらってオークション開催日の小山会場を見学した。約5時間場内に滞在したという堀江が、いまだ興奮さめやらずに語る。

「あれだけ多数の外国人がひとつの目的のもとに集まっている光景は刺激的でした。オークションの現場はもちろんのこと、下見の時にモノと向かい合う真剣な表情、言葉はわかりませんが表情や動作で多くのメッセージを交換している場内での交流シーン。それにハラルフードや礼拝室まで備えた施設など、小山市に〝まち〟が一つ出現しているという驚きでした」

堀江から報告を受けた総合政策課の坪野谷統勇（課長補佐兼企画政策係長）が語る。

「そんな都市空間があるということを本当に長い間、見過ごしていたのですね。オークションそのものは会員制で非公開であるから致し方ないとしても、大量の車や建機などが集まり、国境を超えた交流が生まれているコミュニティであるということは、もっと市民に知ってもらいたい。いまインバウンドというと、ツアーの移動や土地名産品の購買などがイメージされるが、オークション会場に集まる外国人は、地域や目的を特化したもうひとつのインバウンド現象として捉えられないでしょうか」

堀江が関心を持つのは、オークションに集まった外国人が、その後でどう行動するかということである。オークション会場ではあんなに存在感があった外国人たちを市内ではほとんど見かけないが、彼らはどこへどんな経路で帰るのか、落札した車や建機はどこの港から国に送り出されるのか、小山市内にあったら便利と思われる施設や店舗などはないのか、など質問リストが次々と上がってきた。要するにオークション会場以外での行動を少しでも可視化したいのである。

そんな堀江の思いをその後、荒井商事社長の荒井亮三に伝えたところ、一つのヒントを与えられた。いま同じ栃木県の佐野市が進め、姿を現しつつある「出流原PA周辺総合物流開発整備計画」である。この計画の基本テーマは、物流高速交通機能を活用した北関東圏域における広域的ネットワーク拠点の形成で、構想エリア及びゾーニング図は次のようである。

北関東自動車道の出流原PA周辺に物流や交通の機能を配置し、国道293号に産業施設を集約する。このような観点から地形・環境・道路状況により次の6つに区分、ゾーニングされた構想エリアが配置される。

A、B物流・産業ゾーン、C交通・交流ゾーン、D、E物流ゾーン、F防災ゾーン。

このうち物流施設にはインランドポート（内陸型海上コンテナターミナル）、産業施設には工場・倉庫・事業所。交通・交流ゾーンには高速バスターミナル、ドライバー休憩施設がそれぞれ配置される。

この総合物流環境整備によって期待される効果としては、物流の効率化による地域産業の活性化、国際競争力の強化、さらに首都圏への車両流入抑制、渋滞解消などと並んで、観光振興、地域活性化による地域力の向上もあげられている。

アライオートオークション小山会場に視点を戻して、たとえば、この構想の実現以後の動きを捉えてみよう。

これまでオークションで落札された中古車あるいは中古建機は、横浜港あるいは東京港をメインに輸出されていた。それが出流原ＰＡ周辺物流開発整備が完成すると、いったんここまで輸送された後、手続きなどを終えて茨城県のひたちなか港まで運ばれ、そこから海外に輸出されるルートが出来上がる。

これに伴い小山会場から出流原ＰＡへ、すなわち小山市から佐野市にかけての人の動きも予想される。これまで東京、横浜圏の人口密集地帯に埋没してしまったアジア系外国人の中古車流通業者の動きがより可視化されてくる。購入、整備、輸出の一貫ルートを考え、ＰＡ周辺に事業所を持つ業者も出てくるかも知れない。

これはインバウンド効果と言えるかどうかわからないが、とにかく外国人の動きが地域を活性化していることは確かである。

ここまでオークション現場の現況をとらえてきたが、未来を展望する前にアライオートオークション事業がどのように成長してきたか。その足跡を辿ってみたい。

記述に当っては出縄勤の協力で集めた資料をベースに激しく変化した１９８７年（昭和62年）から今日までの30年間、内外の情勢変化を背景にアライオートオークションの軌跡を追ってみた。

日本最大、中古車オークション開場

１９８７年（昭和62年）10月22日、荒井商事のオートオークション会場「関東中央オークション（ＫＣＡＡ）」が開場した。場所は栃木県小山市粟宮。現在の小山会場で、面積は３万３０００坪、すべて荒井商事の用地である。

しかし当時の中古車専門誌などの報道を見ると面白いことに、総合食品卸売市場が主でオートオークション会場が従のような表現が目立つ。

例えば中古車業界誌『週刊中古車ガイド』の記事の一部を引用させていただくと、次のように書いてある。

来場席５００席、ポス・コンピューター設備の日本最大、関東中央オークション（栃木県小山市）が10月22日（木）の開幕に向けて工事も半ば完成、巨大な姿を現わした。オークション開幕３週間後の11月６日（金）には、東京・築地の魚市場と、神田の青果市場をいっしょにしたような総合卸市場・東日本流通卸センターがオープンする。

東日本流通卸センターの経営母体である（株）荒井商事（荒井権八会長）は、こういう魚市場、青果市場を神奈川県横浜、平塚、厚木に持っていて、今回栃木県小山市に、同社としては最大規模の３万３０００坪の土地と建物設備を獲得して新しく市場を開設するのだが、その中に中古車の市場を新しく作った。

今までの中古車オークションは、まず自動車メーカー、ディーラー、そして中古車業者が業者間取引の近代化のために始めたのだが関東中央ＡＡはそういう業者間取引のために関東中央ＡＡを作ったのではない。市場を作ったのだ。魚や野菜の市場と並んで中古車の市場を作った。そもそも荒井商事は市場経営の会社で市場主である。（昭和62年10月1日号）

『週刊中古車ガイド』

この記事のタイトルは「日本一・関東中央オークション開幕迫る――魚や野菜の市場と並んで中古車の市場ができた――」で、文中、荒井権八会長の次のような談話を紹介している。

人間が一生の間に使う金のうち、まずいちばん最初に使うのは食べ物に対してである。人間は食べ物がないと死んでしまう。２番目には車を買う。食糧の次に住宅に金を使うと思うかもしれないが、家は一生に一度買えばいいものだし、家賃を払って住むのを好む人もいる。車は家と違って何度も乗り換えて金を使う。新車よりも中古車に人間の好みが移っているし、私は人間は食糧の次に中古車に金を使うと見ている。3番目にテレビ、自転車、スポーツなど生活関連用具に金を使う。大体、人間は消費生活において、食糧・車・生活関連・レジャーに金を使うという認識は、日本でもアメリカでも一致しており、事業はこういう人間の消費生活の流れに乗せて進めてゆけばまちがいない。

この人間の消費パターンは少なくとも21世紀ぐらいは変化はない。私はこの人間の消費パターンに合わせて15年ぐらい先を見て流通のあり方を組み立てた。(同号)

引用がつい長くなったのは、荒井権八の怪気炎に圧倒されたからである。中古車を消費のメインに据えるのは、いささか我田引水のきらいはあるが、モノ消費の構造を30年前によくここまで分析していると思う。新機軸の業態に推進、実現させた本人が気持ちよく酔っているようにも見える。三男の荒井亮三が、その辺をうまく表現して「父は仕事で遊ぶ人だった」と語ったのが思い出され、この卸売市場も当時としては斬新な業態であった。

また同誌は別の記事で、この卸売市場の構造について懇切丁寧に紹介しているので、これも引用しておく。

荒井商事は、5年前からアメリカの卸売市場機構の研究にロサンゼルス支店駐在員を取り組ませ、昭和60年1月、革新的な米国のプライスクラブと業務提携を締結した。プライスクラブは創業13年で年商25億ドル（3750億円）にのし上がった、小売店を会員にするディスカウント卸売市場である。卸売市場はひとくちに言うと、品揃えの豊富さを誇る昔ながらの多品種販売が、在庫回転率悪化、利益率悪化の傾向をたどり、代わって一流の売れる商品だけを大量に売る少品種大量販売の時代に入った。その少品種大量販売の代表がプライスクラブである。

プライスクラブは卸売市場に集まる小売商を会員制にして、会員カードをコンピューターに直結、仕入商品の番号と価格が打ち込まれ、出口を出る時には請求書が完成されるようにスピードアップし、間接経費を削減した。こういった卸売市場の合理化・近代化は、荒井商事の追求してやまないところで、今回の小山市の東日本卸売センターでは、プライスクラブ式会員制決済コンピューターに銀行をオンラインさせ、支払いを同時に終わらせてしまうキャッシュ＆キャリー（市場を出ると現金決済）方式を導入。さらに一段と間接経費を下げてしまおうとしている。

いま小山会場では倉庫として利用されているが、当時のオークション会場は、そのまま残っている。会員席500席の劇場型の構造は現在と変わらないが、面白いのは引き回し式と呼ばれる、セリにかかる車が次々と目の前に現れる仕組みだ。ステージにあたる空間が車が通れるように造られており、競馬のパドックのようにセリにかかる車が次々と参加者の前を通過するのである。

しかしオープンの初日、ハプニングが起こった。自慢のポス・コンピューターが作動しなくなったのである。途中から手ゼリに切り替えられたオークションは、夕方5時になっても782台の出品台数のうち、やっと300台に達したところだった。このままでいけば徹夜のオークションになるかと関係者が気をもみ始めた時、荒井権八が決断を下した。

「オークションが遅れたために競《せ》ることができなくなった出品番号500番以降の車を、主催者・荒井商事の責任において相場で全車買い取る」と発表したのである。これによってオークションは午後7時に終了。残った282台の車は翌日と翌々日にオークション委員会が査定、全体の60%を買い取り、買値の合わない車は翌週に再出品した。

当時の業界メディアによれば、このハプニン

車路（引き回し）

グは禍を転じて福と為すと評された。関東中央オークションはただの手数料かせぎのオークション場ではない、という共通認識が生まれ、荒井商事の存在感が高まった。

また、オークション参加者の行動にも変化が起こった。山形県のある業者は、埼玉・東京のオークションに車を出品するのに、これまでは東北自動車道に乗り、岩槻インター（埼玉）で降りていたが、中間の佐野藤岡インター近くに会場ができたので、途中で寄れる会場ができ、火曜日は埼玉、水曜日は東京、木曜日は栃木の関東中央と、オークション参加の流れる定期便ができたと語っている。

また関東中央オークションの会場が、永大産業の工場跡地であったことも広く関係者の間で話題になった。永大産業は高度経済成長期に急成長したプレハブ住宅のメーカーだったが、石油危機以降の長引く不況に直面して１９７８年2月に倒産した。負債総額は１８００億円といわれる大型倒産であったが、その後、会社更生法によって再建を進め、２０１１年に東証一部に最上場された。

❀オークション会場、４会場体制に

昭和から平成へと年号が変わると、荒井商事のオークション会場は続々と増設された。１９８９年（平成元年）には小山に続く第2会場として湘南会場（平塚市）をオープン。

同年4月から二輪、9月から四輪のオークションを開始した。1000坪の建物で350のポス席を有した。この湘南会場は2001年に神奈川県川崎市に移転して現在のベイサイド会場となる。

3番目の会場は福岡であった。1991年3月、アライオートオークション福岡会場が福岡県粕屋郡篠栗町にオープン。5000台以上を収容可能な敷地と約1000坪の会場で最新ポス席626席を用意した。

この土地は昔、筑豊の炭鉱地帯が繁栄した頃のシンボルであるボタ山の跡地で、九州および中国地方からも車が集まることが予想された。当時の会場責任者は九州と関東の中古車事情の違いについて次のように語っている。

「九州では関東の車を好む傾向にある。それは年式の割に走行距離が短いことだ。東京の人は日曜日くらいしか乗らないし、休日に乗れば渋滞であまり遠くに行けないため、走行距離が伸びない。そのため低年式でも程度がよい。また東京と福岡では新車価格に3万ぐらい差があるが、その差が中古車にも出るため関東で大量に仕入れれば、陸送しても儲けが出る」

さらに、仙台会場が1992年6月にオープンした。これは業界初となるオークション事業者が業務協定を締結し、オークション会員が相互乗り入れするという試みであった。荒井商事と国際自動車流通センター（愛シティ仙台オートオークション）が業務提携を結び、同じ会場でオークションを開催するというものだった。国道4号線近くの宮城県黒川

旧福岡会場

仙台会場出品車

郡大和町の会場施設は約7600坪、出品収容台数1500台、ポス席450席である。仙台会場のオープンに際して期待の声は「北海道へは仙台から苫小牧までフェリーが利用できるので、東北6県プラス北海道、新潟という商圏が確立できる」が圧倒的多数であった。

なお1990年からオークション事業の総称KCAAを「AAAI（アライオートオークションインターナショナル）」に統一した。

2000年代、新しい変革が続く

1990年代後半からAAAIは「TOPICS of AAAI」という会員コミュニケーション誌を発行していた。「トレンディな情報のNETWORK」と銘打っているだけに楽しげな装いで、そのメイン記事は海外視察ツアーであった。

当時、AAAI会員から募集してアメリカ西海岸、グァム、香港・マカオなどにツアーを実施、滞在スケジュールの中に現地の中古車事情視察が組み込まれ、その報告がコミュニケーション誌に掲載された。

会員との結びつきを強めるため、ファミリーへのアプローチも考えられた。たとえば「お父さんはオークション、子供たちはバスツアー」のタイトルで、父親が小山会場のオークションに参加している間、子供は日光方面のウェスタン村へバスツアーをするという企画だった。91年10月には小山会場の開場4周年を記念したファミリー祭で、ハロウィンの催しが登場した。まだ日本ではハロウィンという風習に馴染みが薄い頃で、誌上でその由来や扮装の楽しさが紹介されており、次の告知も添えられている。

「アライド・ホールディングス社（荒井亮三社長）は、米国最大手ハロウィン衣装の企業買収に成功し、日本国内で、東京、大阪を中心に西武ロフト、東急ハンズなどで宣伝・販売中です。」

福岡会場ではバレンタインデーに女性スタッフ中心のレディースオークションが挙行された。目玉の「レディースカー」コーナーではマーチやファンカーゴ、ワゴン等、女性に人気のある車を30台出品。女性コンダクターの手ぜりにより次々と落札され、30台すべて落札。成約率１００％という好記録を達成した。また『○円売り切りコーナー』も60台中56台成約、成約率93％を記録するなど、活発なコールが終始続いていた。

「ＴＯＰＩＣＳ　ｏｆ　ＡＡＡＩ」創刊号

こんな明るい雰囲気の中で世紀の変わり目を迎えようとした頃、「ＴＯＰＩＣＳ　ｏｆ　ＡＡＡＩ」のＶＯＬ．１１６の「特集２０００」の中に「ｉモードの登場がビジネスに大きな変化をもたらす」というコラム風の記事が掲載された。

それから20年近くに私たちが体験したビジネス環境、情報環境の変化と考え合わせると、時代を予見していることを実感する。そこで全文を再録してみた。

ＩＴ時代の申し子、ソフトバンク社長の孫正義氏は、別角度よりｅビジネスを手掛ける理由として、〝無限〟と〝ゼロ〟という２つのキーワードを挙げている。無限——すなわちそれは無限の顧客との連結、無限の情報の切り口、無限のビジネスアイデア、無限のバイヤーを意味しており、バーチャルゆえに無限の在庫を持つことが可能である。しかもバーチャルゆえに情報が行き交う間の温度差、情報格差、情報劣化、変動経費が〝ゼロ〟ということ。これは限られたエリアを超えたグローバルな展開への可能性を秘めているビジネスツールであるからだとしている。

当然、〝無限〟と〝ゼロ〟といった２つのキーワードをフルにいかせば、全世界を股にかけ、まさに〝時空を超えたビジネス展開〟も夢ではなくなる。

例えばドイツで仕入れたベンツＳクラスを、すぐさま香港、ロシアで売ったり、ニュージーランドにいながらＡＡＡＩ小山でランクルやパジェロのまとめ買いをすることも可能になるなど……。

もっとも、それが今すぐ売買を目的とした現状の中古車市場で使えるのかと言えば、それはかなり難しいことと言わざるを得ない。第一、本場アメリカ市場をもってしても様々な問題を抱えている。

本当の意味でのシステム構築には、①評価・査定基準の明確化、②中古車業界の社会的向上、③アフターフォロー体制の確立、④法環境の整備――といった、いくつもの大きなハードルをくぐり抜けなければならないが、少なくても変化に伴っていけない企業は〝負け組〟として市場から見放される運命にある。もっと強く言えばこれからの時代を生き残れないであろう（以下略）。

中古車業界もオークション業界もＩＴに目を向けざるをえなくなってきた。２００１年、ベイサイド会場で四輪「ＪＵ衛星ネットオークション」接続開始、これを皮切りに各会場で次々と衛星オークションとの接続を開始した。

また、アライオークションが運営するインターネットオークションは、「会社にいながらにしてオークションに参加できる」がキャッチフレーズで、そのポイントとして、①不在応札が簡単にできる。②出品全車両の検索が可能。③直近のオークション情報の検索が可能。④書類送付・名義変更状況の照合が可能。⑤出品リスト、車種別リストの閲覧が可能、⑥自分の出品明細と価格修正が可能。などをあげている。

これらは会員のコミュニケーション・メディアを通じ重ねて伝達されたが、たちまち浸透し、オークション参加に際して誰でもリアルとネットを使い分ける時代が当たり前になっていた。

❁ディーゼル車が生んだ思わぬ効果

２０００年8月末から11月末までの３ヵ月にわたり「ディーゼル車ＮＯ作戦」が東京都で実施され、都内もさることながら全国的に大きな反響を呼んだ。

石原慎太郎東京都知事（当時）は、平成12年度第４回都議会定例会で「東京は他の大都市に比べ著しく大気汚染が進んでいて、多くの都民の健康が蝕まれている現状にある。この大気汚染の元凶であるディーゼル車対策として新年よりディーゼル車ＮＯ作戦を展開してきたが、いよいよ本格的な規制に乗り出すことにした」とディーゼル車規制についての考え方を明らかにした。

石原都知事のディーゼル車規制の論拠は次のようである。

都市における環境汚染の最たるものが大気汚染で、その主因が排気ガスだ。中でもディーゼル車の排気ガスによる大気汚染はすさまじいが、ディーゼル車の数は全ての自動車の2割にしかすぎない。

しかし全ての自動車から排出される窒素酸化物の約7割と、浮遊粒子物質（ＳＰＭ）のほとんどを排出している。このＳＰＭには発がん性があると指摘されていて、推測ではあるが、東京都の肺がん死亡者の約16％はＳＰＭが原因とされている。

それだけではなく、アトピーや花粉症などの「現代病」の原因の１つにも排気ガスによる大気汚染があげられている。そのような状況にもかかわらず、日本ではディーゼル車に対する規制が皆無であった。

石原都知事はまたディーゼル車に使われている可能性がある不正軽油も問題にした。不正軽油とは軽油に重油などを混ぜて販売しているもので、脱税などの手段にされていた。平成11年度の都内における販売数量と推定混和率をもとに都が試算した結果、都内で110億円程度、全国で1100億円程度の不正軽油による脱税があると推計された。

当時、石原都知事は黒い粉の入ったペットボトルを持ち歩き、「都内ではこのペットボトルが1日に約12万本出ています」と言っていた。中味はディーゼル車が排出するDEP(ディーゼル粒子)であった。

ディーゼル規制内容は厳しいものだ。東京都独自の排出ガス基準を満たさないディーゼル車に対して走行を禁止するという厳しいもので、また規制遵守を目的に自動車Gメンを配置し、検査、摘発に当るとともに、違反者には罰金刑などの制裁をもって臨むことが計画された。

この時に次の5項目が提案された。

①都内ではディーゼル車には乗らない、買わない、売らない。
②代替車のある業務用ディーゼル車は、ガソリン車などへの代替を義務付け。
③排ガス浄化装置の開発を急ぎ、ディーゼル車への代替を義務付け。
④軽油をガソリンよりも安くしている優遇税制を是正。

⑤ディーゼル車排ガスの新長期税制（平成19年目途）をクリアするクルマの早期開発により、規制の前倒しを可能にする。

「これらがそのままに導入されれば、その影響たるや計り知れないものがある。特にバントラックを多く所有する運送業者にあっては深刻な問題だ」とは当時の業界の声であった。

２００５年10月１日から首都圏の１都３県（東京、神奈川、埼玉、千葉）でディーゼル自動車の排ガス規制が始まった。10月から規制対象となった車両は、新車登録から7年を超える軽油を燃料とする貨物用トラックやバスと、これらをベースに改造した特殊用途自動車などで、乗用車は対象外となった。規制対象の車を保有している場合は、天然ガス車かＬＰＧ車、最新規制のディーゼル車等、低公害車への買い替えが必要となった。

違反車（不適合車）には禁止命令が出される。悪質な場合は50万円以下の罰金や運行管理者の氏名を公表するほか、貨物の運送等を委託した荷主も罰則規定を受けることとなった。

さて当時の状況を述べたが、このディーゼル車規制がオークションにどんな影響をもたらしたのか、１都３県であることにあらためて注目されたい。

小山会場のある栃木県は対象外であった。使用ができなくなったディーゼル車の所有者は何とか早く処分したいが、１都３県内ではそれができない。そこで着目したのが隣接する栃木県にある小山会場であった。おりからバントラに力を入れ、施設を拡充していた小山会場はその絶好な受け皿となり取引量が増大した。石原都政の影響を、当時の小山会場の関係者は複雑な思いで受け止めたのである。

◎中古車輸出が拡大

海外の旅行先で、日本車を多く見かけるようになったという話をよく耳にするようになったのは、90年代の終り頃からだろうか。２００４年のオークションのコミュニケーション誌は次のように中古車輸出拡大の背景を伝えている。

92年に4、5年だった乗用車の平均車齢（初年度登録からの経過年数の平均）も、02年度には6．2年に伸びた。中古車の登録台数は92年から新車の販売台数を超え、多少の増減があっても新車台数ほど景気に左右されず、順調に伸びてはいる。ただ、保有期間が長期化するなかで、高年式かつ良質な車両の不足は、国内の中古車小売台数に少なからず影響を与えている。こうした国内の事情を反映して、多走行、低年式車の現金化を図る経営戦略の一環として、中古車流通業界では海外への輸出事業拡大を活発化させている。

昨年10月にスタートした大都市圏でのディーゼル車規制強化に伴う「旧型トラック」は、多走行ながら良質で安価な製品としてオートオークション会場でも注目を集め、活発な応札で強い引き合いになっており、規制のない海外向けとして取扱量の増大に拍車をかけている。

このあと同レポートでは中古車の通関業務が簡素化され、誰でも簡単に輸出できるようになったという背景を解説して、輸出先の状況を説明する。

いま、日本から海外に輸出される中古車は年間約60万台といわれている。このほか、法人組織を持っていない外人バイヤーによる20万円以下の輸出車両がカウントされておらず、正規の車両の約2割はあるといわれている。国内で廃車同然に扱われている車両も、海外では十分に商品として通用しており、日本車はエアコンやエアバッグなどの装備が充実しているほか、低燃費という経済性、故障が少ない上に安く手に入るということで絶大な人気がある。

当時、日本の中古車はどこへ売られていたのか。国別で見ると、輸入中古車車両の9割が日本車というニュージーランドがトップで、次に古くからの取引がある中南米、船員を仲介として始まったロシア、スポーツタイプ車を中心としたイギリス、四輪駆動車を中心とした中近東、近年取扱量を拡大しているアフリカなど、国数としては10ヵ国を超えている。

2005年のレポートはがぜんアジア諸国に視線が注がれている。以下に引用する。

財務省などの統計によると、2003年、日本からの輸出台数は前年比2%アップの

71万8千台。毎年10万台のペースで増え、05年には90万台を超えた。規模としては5年前の1．5倍に拡大。車両単価は1台平均約50万円で、国内で取引される中古車市場の7兆円に比べて小さいが、年間3000億円の市場規模で、年々拡大の一途にあるという。

特に車両重量が5トン以下、5トンを超えて20トン以下の貨物車や10人以上の人員が同乗できる小型バス、1000CCを超え、1500CC以下の乗用車が輸出の中心となっている。加えて、保冷車、バキューム車、救急車、消防車などが人気となっている。主な輸出先はパキスタン、UAE、ロシア、シンガポール、フィリピン、アフガニスタン、そしてガイアナ、ペルーなど南アメリカとアフリカ諸国となっている。

いま小山会場で見られる風景は、すでにこの頃から各地のオークション会場で少しずつ目立ち始めていたようである。さらに同レポートは言う。

中古車流通の柱である全国のオークション会場には、中古車輸出の拡大を受けてパキスタン、ロシア、バングラデシュ、ニュージーランド、ナイジェリアなど、国籍が様々な業者が集まるようになった。現在では以前と比較すると、外国人の来場比率が高まり、受入側の会場として、外国人のニーズに応えるべく各会場ごとに創意工夫をこらしている。

❁東日本大震災の被災地支援

2011年3月11日14時46分頃、アライオートオークションベイサイド会場でオークションが開催されていた頃、日本国内観測史上最大の自然災害となる東日本大震災が発生した。マグニチュード9．0という巨大地震と津波により、東北、関東地区の太平洋岸約500キロに及ぶ圏内で多くの被害が発生した。アライオートオークション仙台会場の建物の一部も、この地震によって倒壊した。

アライオートオークションとしては自らの被害を顧みることよりも、被災地に向けて何ができるかに思いを向けた。当然、多数の家屋が流されたり倒壊したりしている。テレビの映像を見ると、車が流されたり水没したりしている光景が生々しく映し出されている。荒井商事では各事業所、各会場ごとに、被災地の支援活動を開始した。水没車の応急処置などには各会場の検査スタッフを動員し、ストックしてあったバッテリーなど特機類も被災地に送られた。

被災地が必要とするのはまず車、それも即使える車検つき軽自動車、そして復興のためには建機である。緊急の需要に応えるためにはまず、オークションという流通手段を活発にして、迅速に被災地の需要に応えることである。

アライオートオークションでは、被災地でようやく復興への機運が高まり始めた4月から「復興支援ＡＡ」を全会場で開催した。また会場にはチャリティーコーナーを設けるとともに、荒井商事として1千万円の義援金を拠出した。加えて各会場に募金箱を設置するなど、広く募金活動を展開し、日本赤十字社を通じて被災地に届けた。

被災の傷跡がまだそのままの仙台会場で、「アライ入札会」が開催された。大震災から半月後の３月29、30日であった。この時は首都圏のディーラーが広く協力して、初日３月29日の入札会では、出品台数２０１台、成約率91％であった。

この催しは、この後も東北以外の会員から仙台会場への関心を高め、「少しでも役に立ちたいから常時出品する」「車検付きの車があるので仙台に出品する」などの声が多く聞かれた。

これらのキャンペーンのキャッチフレーズは、「まけないで東北、がんばろう東日本‼」で、その反響は各会場ごとに様々であった。

例えば仙台会場では、第１回から第４回までの動向を次のように把握した。

「走行、年式共に大きな変化はなく、走行距離５００００㎞～９００００㎞。年式12～17年の車検付き軽自動車の需要が多い」、第４回になると「需要が軽自動車からコンパクトカーやワンボックスカー等へ若干ではあるがシフト傾向に」

ベイサイド会場では、

「震災以降、軽自動車の成約率が急上昇しており、４月15日の開催においても軽自動車コーナーの成約率は72．41％と前週に続き70％を超えた。需要の高さは価格にも顕著に表われており、特に平成12年~17年の車検付き車両価格が高騰しており、車種によっては前月対比で60%以上の価格上昇を見せております」

被災地が復興に向かって動き始めている動きが感じられる。

そして今、オークション会場は世界の中心

アライオークションの歴史をひもといてきたが、これらの資料に書き残されていることはオークション事業全体の動きであり数字的データである。個別的でその時の状況をリアルに証明するようなデータはこの事業に携わった個人一人ひとりに内蔵されているのではないか。いわば当事者の記憶にもとづく証言である。私は前述の出縄勤や山口真一や川村仁佐らからそれを聞いた。それも雑談風に展開されるから、つい聞き流してしまいがちだ。オークションの本質を捉えながら、その可能性を的確に把握していることに気がつく。これらの語りを再録して整理して、もっと多くのスタッフの分も集めて一冊にまとめたら、荒井商事のオートオークション事業30年の記録になるのではないかと考えたのだが、すぐに私は否定した。

なぜか、私を傾聴させた彼らの証言は過去のエピソードではない。現在、未来へ繋がっているから、「私はこの時にここにいた」式の証言や「今だから語るヒットの裏話」風に

取り扱うことができない。

　例えば山口から聞いた次のような話はとても面白かった。

　ひところアフリカの開発途上国では、日本では見られなくなった1960年代年式のトラックが盛んに走っていた。なぜその年式でなければならないのか。日本では70年代以降急速にデジタル部品が取り付けられたが、アフリカの現地ではそれに対応できる修理業者がいない。だから60年代ものが走る訳だが、そんな関係は続かない。日本で再生した中古品をオークションに出品して輸出業者の採算性はどうなるのか、アフリカ諸国の経済成長がより高度な整備のトラックを求めるようになるのか。それは市場予測、国際経済の動向予測の分野に入ってくる。

　また山口は、日本で使われる農機が大型化している現状を指摘した。人口減少、少子高齢化、若い世代の農業離れなどで働き手が不足。いきおい農業経営が会社化されるか、同じ地域の居住者のコミュニティが経営する農業へと変わるため、農機が大型化する。使われなくなった小型農機は、輸出業者の手にわたりオークションを経て、アジア内の農業国へと輸出される。だが日本の大型農機が中古品になった時に需要はあるのか。アジア諸国の農業形態はどう変わるのか。

　このように雑談の続きは常に近未来シミュレーションへと発展していく。それも会議室でデジタルなデータをもとに話しているのではない。すぐ傍らを入念な下見の後、数秒のオークションに全能力を傾けようとする外国人の会員が通り過ぎる。言葉はわからないが、彼らの会話や表情から地球規模で起こっている動きを実感し、何らかの変化が想像できるのではないか。

過去の体験の蓄積がある者ほど未来への想像力、洞察力、予見力も培われるはずだ。オークション会場は世界の中心にあり、そこで働く人たちは同世代の誰よりも国のうちそとをリアルに体験しているのではないだろうか。

（文中敬称略）

第2部
荒井商事発展の軌跡
——荒井亮三に聞くファミリーヒストリー

両親（権八・和衣）と荒井三兄弟

⊛フロンティアスピリット

神奈川県平塚市で米穀・雑穀・飼料の卸売業としての創業から97年、商事会社を設立して世界に乗り出してから51年、そしてオートオークション事業に参入してからちょうど30年。

２０１７年という時点で荒井商事が歩んできた足跡を振り返ると、歴史の重みとともに常に進取の精神を持ち、機動力を発揮し続けてきたオンリーワン企業としての存在感を感じる。また成長、革新を遂げた時代背景も大正、昭和、平成とめまぐるしく変化したが、その中でこの共同体・事業体はなぜ常にフロンティアスピリットを保ちつづけられたのか。そしてこのフロンティアスピリットこそ、荒井商事の今日を築きあげた源なのである。

ここでは同社を今日まで育てた人々のファミリーヒストリーをひもときながら、現社長の荒井亮三に企業家としての生い立ちを聞く。

荒井商事という事業体のルーツをたずねると、神奈川県平塚市という地名がクローズアップされてくる。神奈川県大磯町に生れた荒井源太郎が、１９２０年（大正９年）平塚において前記の卸売業を始めた。

１９２８年（昭和３年）源太郎の子、荒井権八が誕生。権八は早稲田大学専門部に入学し、在学中から父親が手掛けていた事業を継承、１９４９年（昭和24年）設立の丸源食品（株）社長に就任した。

１９５３年（昭和28年）、荒井権八、藤澤和衣と結婚。１９５６年（昭和31年）、荒井商事（株）設立。１９８１年、会長の荒井源太郎が死去。この前後に荒井権八は３人の男の子に恵まれた。

１９５３年誕生の長男・荒井寿一は慶應義塾大学を卒業後、スイスの大学に留学、さらに慶應義塾大学大学院で修士号を取得した学究肌で、現・荒井商事会長。56年誕生の次男・喜八郎は東京農業大学を卒業して荒井商事に入社、１９７９年から89年までブラジルでの海外事業を一手に任された後、２０００年に代表取締役社長に就任、荒井権八は会長に就任した。

荒井喜八郎が惜しまれて死去したのは２００７年（平成19年）であった。兄の死去によって荒井家の三男として１９５８年（昭和33年）に誕生した荒井亮三が荒井商事の第三代目の経営者となった。

これからの物語は、オートオークション事業が30周年の節目を迎えた２０１７年の５月から８月にかけて私の荒井亮三へのインタビューをもとに構成した。なお、話の流れにリアリティをもたせるため当時の時代の動きなども書き加えた。

⊛海外へのあこがれ

荒井亮三が生まれた1958年（昭和33年）は、まさに日本の高度成長が始まりかけた年であった。テレビ受像機台数が100万台を突破し、映画館の入場人員が延べ1億人を突破したがこれがピークで以後、娯楽の王座は映画からテレビへと交代する。この年にプロ入りした野球の長嶋茂雄、映画の石原裕次郎がトップスターであった。

その後1964年の東京オリンピックを経て、日本の経済成長は止まらなかった。亮三が小学校高学年になった1967年には国民生活白書が、国民の9割が中流意識を持つと発表している。

国内カラーテレビの保有台数が100万台を突破、また自動車保有台数も1000万台を突破。カラーテレビ、カー、クーラーの3Cが庶民のあこがれる三種の神器といわれた。この年あたりではグループサウンズがブーム。ベトナム戦争下のアメリカの影響を受け、ヒッピーというライフスタイルが登場していた。

——生まれも育ちも平塚市。海の近くの町で育ち、父上はすでに車関係の事業に進出されていたし、小さい時から車に関心がありましたか。（荒井商事は1960年に荒井自動車専門学校を設立、国立市保谷に国立工場も取得していた。61年にトヨタ系ディーラー、パプリカ平塚設立。64年には荒井自動車学校花水校を開校している。）

「よくそう言われるが、私はもともと車にはあまり興味がなかったのです。２番目の兄は車で通学していましたが、私は成人になってから免許を取得したが、アメリカに長期間滞在している間に失効してしまった。車そのものよりも中古車輸出のように、車に関するビジネスの方のほうに興味がありました。

それからもうひとつ、よく湘南ボーイだったのかと言われますが、茅ヶ崎あたりには湘南スタイルがあったが、馬入川（相模川）を渡った平塚は湘南とは言いませんよね。

平塚は昔、海軍の火薬廠があったため、太平洋戦争の末期に米軍に狙われて町が壊滅する被害を受けた。それから戦後復興したが、どちらかと言えば横浜ゴムや日産車体の工場に代表される工業都市でした。商業も盛んだったため、地元の反対で大型店の進出が遅れたこともあって、若者には住みにくい町のイメージが残ったのかもしれません」

――高校は長兄の寿一さんと同じ平塚江南高校でしたね。その頃は将来何になりたかったのですか？

「政治家かな。それもどちらかと言えば保守系の。当時、平塚は自民党の良識と言われた河野謙三さんの地盤で父が私淑していました。

高校では社会科学研究会というサークルに所属していたが、大学闘争などの影響を受けることはありませんでした。もっと当時は大学紛争などが極点に達し、シラケの時期に入っていたのかも知れません。

高校当時は何が何でも海外に出たかった。五木寛之の小説『青年は荒野をめざす』など海外放浪ものがよく読まれていた時代です。とにかく一度は海外に行きたいと英語だけはよく勉強しました。父はすでにブラジルで事業をはじめていたので、そんな志望を応援してくれました。高校二年で初めてサンフランシスコ、ロサンゼルスに行きました。ロスではホームステイもしました。

話は少し先になりますが、政治の仕事には向いていないと思った出来事もありました。大学の頃でしたか、母方の叔父が近隣の町長選に出馬し、選挙事務所を手伝った。結局17数票差で落選したが、前日の真夜中まで電話をかけて票の奪い合いをやっている。こんな泥臭い世界はごめんだと逃げ出したのです」

1977年、亮三は早稲田大学商学部に入学した。英語の成績だけは自信があった。大学3年の一学期まで終えて、カリフォルニアの大学に留学した。

——念願かなっての海外体験です。何を勉強したのですか。

「その頃、早稲田大学が単位を認めると言ってたユニバーシティ・オブ・ザ・パシフィック。サンフランシスコから車で約2時間のストックトンという大学町にあって、クラスの中で日本人は私ただ一人。授業が聞き取れないので、テープレコーダーを持参して講義をまるごと録音。寮の部屋で聞き返すという生活が半年は続きました。それに毎日〝クイズ〟といってショートテストが課せられる。勉強漬けの毎日で遊ぶ暇などありませんでした。どうにか授業についで行けるようになったのは半年後でした。

1年が終わって大学を離れ、日本に帰国する前、3ヵ月かけて地球を半周する一人旅をしました。ロサンゼルスを起点にメキシコ、パナマ、ペルー、ブラジル。ブラジルには荒井商事の出先機関があって次兄がいたので一息ついて、アルゼンチン、チリ、そこからスペインに渡りマドリードなどの都市を巡り、エジプトに行ってカイロ、アレキサンドリアを巡り最後はＪＡＬで帰国というコースです」

――『地球の歩き方』というテキスト本がよく読まれていた頃ですが、全コース単独行でしたか。

「私は小さい頃から群れるのが嫌いで、一人でいるのが平気なんですね。小学校高学年の時、前の担任の先生の実家を訪ねて、平塚から鹿児島県の種子島まで旅行したことがありました。外国の都市への関心は、これも小さい頃からの切手収集に端を発しているようです。

それにしても3ヵ月の単独行で、留学期間に倍加する語学力と危険予知本能、危機管理能力を身に着けたようです。

外国旅行中に騙されたり、危険な目にあったりする話をよく聞きますが、私は本能的に悪い人物やいかがわしい場所に近づかないようにしていたように思います。

　騙されたといえば、カイロに到着した晩、なかなかホテルの部屋がとれなかった。そしてようやく泊めてくれるホテルが見つかって、とにかく熟睡したが、翌朝目覚めると廊下の隅の一画を仕切ったスペースに置かれたベッドで寝ている。宿探しで疲れ切った隙をうまく利用されたのですね。


今でも荒井亮三は国内、国外を移動する時には単独行動が多い。一人で行動している時の方が感覚が研ぎ澄まされ、情報感度がよくなるというのは、このような海外体験から得た教訓かも知れない。

　1982年、荒井亮三は早稲田大学を卒業した。本来ならば1年前に社会に出るはずだったが、アメリカで習得した単位がどういうわけか認められず、1年遅れての卒業であった。大学でのゼミのテーマは国際経済学。視線はしっかりと海外に向けられていた。

❂父と子の絆、後継者としての巣立ち

　1980年代前半の日本経済は上り調子であった。国民の多くが日本の経済成長力を信じ、暮らしがさらに向上することを信じていた。何の指標にも右肩上がりという表現が使

われ、日々環境が変化することを誰もが楽観的に捉えていた。

あるエコノミストによれば、効率化、高度化、集約化など何事にも〝化〟が実に多く使われる時代であった。経済力を身に着けた世界大国という自信にあふれた日本人にとって海外はより近くなった。それを象徴するのがメディアの海外取材の奔流であった。

テレビも出版も惜しげもなく海外に取材班を送り出し、魅力的な情報を提供し、読者の行動力を誘発した。

若者の海外に向ける視線も亮三の高校生の頃とは違っていた。雑誌『POPEYE』のようにアメリカ西海岸のライフスタイルを日本に直輸入し、直ちに日々の生活に応用させるといった編集方針が、確実に一部の若者に浸透していた。

海外でビジネス活動を展開することは、若い社会人にとってはあこがれではなく、むしろ企業人として成長していくための当然のプロセスだった。

荒井亮三の大学でのゼミ仲間十数人のうち大半が商社、銀行、メーカーなどに就職し、入社後数年で海外勤務を体験した。そんな中で彼に与えられたのは父親・荒井権八の後継者として事業を継承し、時代の変化に対応して発展させるという限られた進路であった。

――社会に出る時に荒井商事に入社する決心を固められていたのですか。

「父の荒井権八は当時まだ元気で次々と事業を拡張していたが、胃ガンの大手術を私の留学中にしていて、後継者を早く育てようとしていたのは確かです。一番上の兄（寿一）

と二番目の兄（喜八郎）が、協力しながら次の時代を開くことを期待していたのでしょう。別に申し渡された訳ではないが、一日も早く仕事を覚えるため私自身も荒井商事に入社を決めていました。就職期には、同期の仲間がさまざまな会社の試験を受けているのを見て、私も面接だけは体験してみようかと思い、人気ランキングの最高位だった三菱商事と東京海上を受験した。両社とも面接まで進みましたが、合否の決定前に辞退した。ぜいたくな話ですね（笑）。

荒井商事での最初の仕事は、荒井総合食品横浜市場です。ここに毎日通って荷運びから書類処理までに奔走した。まだパソコンなどという便利な情報機器はなく、伝票類は手書きだし、ファックスがようやく普及したような時代です。物と人の流れの渦の中で過ごす時間に疲れ果てて、つい愚痴を言うと、父から、体を使って疲れたと言っているうちはまだ本物じゃない、頭を使い尽くしてはじめて人間、疲れたと言えるのだ、と喝破されました。

しかし私にとってあの一年半余りは、人生でいちばん多く父との時間を過ごし、いろんなことを教えられた時期でした。

――権八社長のどんな教えが心に残りましたか。

「よく聞いた話は、自分の体験よりも先代の荒井源太郎との話が多かったように思います。どれも身近なエピソードだが、不思議と心に残る教訓になっていますね。

たとえば〝見切り千両〟という言葉がありますね。源太郎じいさんは草競馬の馬主でしたが、いくらかいば料をつぎ込んでも勝てない馬がいた。階級を落としてその馬が優勝すると、さっさと人に譲ったというんです。投資などのタイミングに今でも使われる言葉ですが、こんなエピソードに裏打ちされるとリアル感がある。あるいは、桶の中の水を自分の手元に集めようとした時、手元の水を向こうに押しやるようにすると、その反動で水がこちらに来るもの、と言われたことがあります。これなども味わい深いものがある。すべてロジックで展開されるネット時代のビジネストークの中に、こんな感覚を活かしたら面白いと思います。

家系をひもとくと、荒井源太郎は大磯に小川金太郎の次男として生まれ、荒井市五郎の四女・ウタと結婚して荒井姓を名乗った。つまり婿養子です。だから自分には荒井家の後継者を育てるという責任感があって、権八を教育したのでしょう」

荒井源太郎という人は、荒井家の財政を立て直すという責任感を持っていた。権八が成人した時に貯金通帳を渡し、「これから事業を展開するうえで、荒井家の先祖から伝わる土地などの財産には手をつけてはならないが、これは自分が立て直して得た分だから自由に使ってよろしい」と申し渡した、というエピソードがある。このような精神的風土の上に荒井権八は次々と新しい事業を創業し、荒井商事を発展させていく。

「私自身、父からは綿密な事業構想を聞かされた記憶がない。何か新しい動きを察知したら動きだしている。後で考えると、こういう設計図だったのかと気が付く。自動車学校やカーディーラーの仕事はマイカー時代に、総合食品市場は大量流通・消費時代にそれぞれ半歩先行していました。

やがて父は土地を活用してビジネスを展開する意欲が高まってきますが、これはダイエーの創業者・中内㓛さんの理論と同じです。すなわち土地を先に取得してそこに人が集まる施設を作れば、地価が上昇して含み益が多くなるという理論です。

これを進めたわが社は、後に莫大な負の遺産を抱えて危機を招いたが、いまオートオークション会場となっている栃木県小山市の土地も、福岡県篠栗の土地も、最初はこの発想で購入したものです。企業の運命にはこんな皮肉なめぐり合わせがあるものですね」

❁海外ビジネスの展開で孤軍奮闘

1984年、日本経済は絶頂期に達していた。円高ドル安の傾向が続き、諸外国からは日本、独り勝ちの批判が起こった。エズラ・F・ヴォーゲルの『ジャパン・アズ・ナンバーワン』がベストセラーになり、日本人に自信を持たせた。必ずしも礼賛一色ではなかったが、タイトルを額面通りに受け取る人が多かった。

そんな日本を大きく変化させたきっかけはいわゆる「プラザ合意」であった。１９８５年９月22日、ニューヨークのプラザホテルに先進５カ国の蔵相と中央銀行総裁が集まり、ドル高是正に向けた協調行動が約束された。この背景には、アメリカの貿易赤字があまりにも大きくなりすぎたという問題があり、翌年以降の日本は、円高不況の克服と内需主導型成長への転換を目指した。

おりしも、その年、国土庁（当時）が「産業経済の情報化や国際化が進めば、今後、東京ではオフィスが大幅に不足する」というレポートを発表し、関心を呼んでいた。東京区部のオフィス需要は増加し、東京への集中、のちに始まる金融緩和、再開発事業の推進などがせめぎあってバブルの芽が準備された。

１９８９年末には株価の日経平均が３万８９１５円という最高値をつけたが、これをバブルの絶頂と見る人は多い。荒井亮三が海外事業と取組み始め、ロサンゼルスに定着して事業を展開するのはこの時期であった。荒井が海外事業に乗り出すきっかけとなった人物、それがダリル・アーノルドというカリフォルニアの農業団体の要職にある人で、日米賢人会議のメンバーでもあった。

――まだ20代の荒井さんがどうしてこんな大物と親しくなったのですか。

「ロサンゼルスで庭師をしている日本人が、たまたまアーノルド邸に出入りしていて、その縁を辿ってアプローチすると意外に簡単に道が開けました。

当時、日米農産物交渉が始まっていて、アーノルドさんは米国側で重要な役割を果たしていた。荒井商事としてはこの人を動かしてオレンジの輸入枠が欲しかったのです。いったん縁ができると家族ぐるみの付き合いとなり、この人の娘婿が一時期、アメリカで事業展開する時のパートナーになりました。

最初に海外で手掛けようとした事業は果実類の輸入です。果実についての知識がないから、築地青果市場の卸売会社に通って特訓を受けた。それから荒井商事の現地駐在員という形でロサンゼルスに行った。

しかしフルーツというのは、輸入の権利を特権的に保有している業者がいて、なかなか新参者が入り込む余地がない。どうしてもニッチ（隙間）に食い込むほかないのですね。例えばいちごの輸入です。日本ではクリスマスケーキが最大の季節商品になってきたが、それに載せるいちごの供給量が不足している。カリフォルニア産のいちごは大味だが、形がいいんです。ショートケーキに添えるのは、かえって甘さがないいちごが適しているということで、日本の洋菓子メーカーによく売れました。

１９８４年にアライド・ホールディングスを設立しました。働き手は私ひとり。これはという事業があると会社ごと買収していくビジネススタイルです」

――例えばどんな事業ですか。

「アメリカにはハロウィンという年中行事があって、間もなく日本でもブームになるだろうと予測して、その衣装メーカーを買収した。西武ロフトや東急ハンズが仕入れてくれてブームを盛り上げてくれた。キャンピングカーの輸出もやりました。アメリカでは男が定年退職すると、奥さん同伴でキャンピングカーで各地を放浪する。好きな風景を見つけてゆっくり時間を過ごす、というライフスタイルが目立っていました。日本でもオートキャンプ場ができ始めていたし、団塊世代がターゲットになると思って始めたが、意外と浸透しなかった。日本人とアメリカ人では時間に対する感覚が違うのですね。

永続的に経営と取り組んだ事業もあります。ロスとアリゾナに多くの営業所を持つ、自動車部品卸売会社も買収しました。街の修理業者に補修部品を供給する仕事です。経営するのは私一人。またドライブシャフトの再生工場も始めました。メキシコ労働者約200名が働いていましたが、私は米国自動車産業界の閉塞性を実感させられた。上層部をひと握りのＷＡＳＰ（ワスプ）と呼ばれる特権階級が支配していて、労働者は永久に下積みに甘んじなければならない。それからアジア系の住民を対象とする広告代理店も経営した。これはたまたま知り合ったバイリンガルの女性の協力で創業したもので、日本語、中国の北京語と広東語、韓国語、ベトナム語、フィリピンのタガログ語などで広告を制作する仕事です。アメリカの広告主にはマイノリティ枠があり、黒人系、ヒスパニック系、アジア系別に広告予算が編成されている。ここに入り込んだのです。この事業はいちばん長く続き、現在でも会社は存続しています」

その頃、日本国内にあふれた資金は海外に流通していった。銀行は軒並み、アメリカ、ヨーロッパの主要都市に支店を開設し、優秀な人材を送り出した。日本企業の海外進出は著しく、大規模な不動産投資が目立った。ニューヨークのロックフェラーセンター買収の噂が出た時、日本はアメリカの魂を買おうとするのか、次は自由の女神まで手に入れるのかという悲痛な声も出た。そんな風潮に背を向けるような荒井亮三のビジネススタイルだった。

——金融緩和の風を受けての海外進出とは異質の、オンリーワン的なマインドが感じられますが。

「確かに当時、日本の経済力はすごかった。銀行は競って事業資金を貸してくれた。だから様々な事業が始められたのは確かです。だが、私はどうも大手商社の後追いするような仕事はしたくなかった。いきおいニッチを探す方向に行ったのです。当時、どこの海外都市でも大使館、大手商社、銀行などを中心とする日本人社会が出来上がっていたが、私はそれにも加わろうとしなかった。何となくマイノリティの立場を守っていたのですね。何ができたというわけでもないが、荒井商事を離れて、自己責任で多種多様な体験ができたことは幸いだと思います。思えば短いようで長い海外体験でした。気がついたら日本ではバブルが崩壊し、景気が冷え込んでいた。銀行は貸しはがしこそしなかったが、資金の供給はストップされた。18年間、結果的には大損をして、大部分の事業を整理し、よい修業をしたと割り切って日本に帰る決心をしました」

⊛オートオークション事始

オートオークションという世界を知ったのもアメリカ滞在中だった。ただし日本のオートオークション会場はすでにコンピューター化されていたが、アメリカではオークショニアと呼ばれる資格を持った競《せ》り人が、各オークション会場と契約してセリを行うという、昔ながらの運営方法をしている古典的な世界で、日本のオートオークションとは趣を異にしていた。

――オートオークションはアメリカ滞在中にヒントを得て創設されたのかと思っていました。

「それは違います。私は小山会場に併設した、新型卸売市場プライスクラブの運営方法の調査研究などで動きましたが、オートオークション事業は私が日本にいない間に父と一番上の兄（寿一氏）が進めたものです。だからかえって客観的に創業の経緯をお話できますが」

――是非お願いします。まずなぜ第一号が小山だったのですか。

「〝はじめに土地あり〟は、父の発想からです。倒産した永大産業の工場跡地買収の話が来た時、父は関東平野のヘソに当たる立地と、地盤がしっかりしていることに着目した。本社のある平塚は海寄りで地震に弱いと感じていたので、もう一つ堅牢な拠点を持ちたかったのです。

またのちに小山には荒井という地名があることがわかって何か因縁を感じたようです。先祖は北関東から来たと聞いていたからです。トヨタカローラ湘南というディーラーを経営していたから中古車事業には知見があったでしょうが、最初はプライスクラブに併設して、まあやってみるか程度の気持ちだったかも知れないが、しだいにこの事業の将来性に着目したようです。その意欲の根幹となったのは、どの系列にも属さない独立系中古車オークション事業を始めるのだという気概だった。

今でもそうですが、わが国のオークション事業には、新車ディーラーが下取した中古車を、自社系列の会場でオークションにかけるという方式と中古車販売業者が主催するオークションがある。前者は自社系列の車に限定されがちだし、後者はどうしても中古車業者の利害が先行する。利幅の大きそうな車は自分のところに温存しておき、残りをオークションに回すやり方ですね。

深く話したことはないのですが、父はオートオークションをプライスクラブと同様に流通の新業態として捉えていたのではないでしょうか。それだけに独立の気概を持っていた。小山会場がオープンした時も、現在カーオークション事業で株式上場している(株)ユー・エス・エスの創業者の方が運営ノウハウについて意見交換したいと申し入れてきたのを父はにべもなく拒絶したといいます。

いまユー・エス・エスは中古車オークション業界の首位、シェアの3割を占めているが、当社は7%。少し運命の皮肉を感じるが、わが道を歩み続けたということでしょう。

（註：ユー・エス・エスは本社愛知県東海市。名古屋九州に各2ヵ所のほかほぼ全国的にオートオークション会場を展開している。）

小山会場に新風を吹き込んだのは、2003年10月から始まった石原都知事のディーゼル車規制でした。公害を撒き散らす元凶とされたディーゼルトラックは、都内及び神奈川、千葉、埼玉の3県では走行できなくなり、処分することもできない。そこで注目されたのが規制区域外で隣接する栃木県の小山です。ここに持ち込まれた中古ディーゼル車がオークションで落札した業者によって東北地方で流通するというサイクルができた。小山会場の成約台数は2004年からはしばらくの間、倍々ゲームで上昇した。石原さんのコワモテの都政が小山会場にとって強い追い風となったのです」

——その頃、アメリカから帰国して荒井商事の経営の一線に立ちますね。どんな状況変化と決意があったのですか。

「ロサンゼルスでは創業から廃業まで一通りのことをやったし、大赤字を出しましたので、責任を取って帰国せざるをえなかった。日本に帰って来て一年くらい荒井商事で窓際族みたいなことをやっていたら、会社が大変なことになっていた。父が不動産投資等でこしらえた借金が240億円あって、これを処分しなければならない。父が経営責任をとって経営の第一線を退き（荒井寿一は代表取締役会長）、私が代表取締役社長に就任しました」

当時の日本はバブル経済後の不動産業への融資総量規制、続いて政府のゼロ金利政策で景気は冷え込んでいた。物が売れなくなり、人々の消費マインドは落ち込んでいた。やがてインターネットが人々の生活に浸透し、情報感覚に変化をもたらした。物品に対する所有欲がなく、海外旅行にも関心がなく、ネット環境に閉じこもるサトリ族と呼ばれる世代が登場するのは、これからしばらく後である。

――荒井商事のトップに立って実行したことは何ですか。

「とにかく不動産売却と不採算事業の処理です。所有不動産を処分し、取引銀行と大変きびしい交渉をして負債総額240億円を80億円に減らした。途中にリーマンショックによる景気後退があって予定より遅れたが、どうにか再建を自覚したのは2010年でした」

この間の債務処理の内容を、いつどこの銀行とどのような交渉をしたと、荒井社長はメモで事細かに説明する。よほど心血を注いだ処理であったのだろう。しかしオークション事業は好調の波に乗り始めていた。社長就任2年目、2006年の新春、荒井亮三はこう述べている。

昨年のアライオートオークションを振り返ってみますと、ベイサイド会場四輪は開場4周年AA（オートオークション）に4188台の出品をいただき、成約率は64．5％という好成績を挙げることができました。（中略）ここ数年湾岸地区に新たに2つのAA会場が参入し、会場間の競争が激しくなったことが、かえって神奈川県内の中古車流通を刺激し、各会場のボリュームアップという相乗効果を生み出しました。（中略）小山会場については、『JU栃木』様や『BCNオークション』様との提携に加えて、『オークネットトライブオークション』との接続がスタートするなど、多彩なネットワークを構築することが出来ました。同会場ではバントラAAが昨年7月の周年開催では過去最高となる3018台を上回る出品をいただき、名実ともに世界一のバントラ会場になっております。特に4トン以上のトラックの出品台数が1000台以上となっており、立ち上げ以来16年、共に育てていただいた会員各位に感謝を申し上げる次第です。

——やがて中古車流通の動きが盛んになってきます。2007年当時、中古車小売マーケットは年間280万台で内訳は中古車専用店扱いが165万台、ディーラーが115万台と分析されています。

「海外で暮らしていたためか、私は日本から輸出された中古車が海外でどんな使われ方をするかに興味を持っていた。そこにはある法則が感じられます。例えば日本の中古車が解体され、あるいは手荷物扱いで海を渡っていた。現地で組み立てた車が街を走っていたが、やがて国産車を自主生産するようになってその需要がなくなると、また別の国で日本の中古車が走る光景が見られる。先進国の中古車が開発途上国で新車同様の価値を持ち、その国で自動車生産が盛んになると、いわゆる新中古車が取引され、日本の中古車は市場から消える。しかし別の開発途上国で同じ関係が生まれるのです。この法則は車だけではない。外国では中古車にファーストユースからセカンドユース、サードユースくらいまであって同じ品がどこかで使われているのです」

――のちに建機から農機へとオークションの範囲を拡大しますが……。

「うちはバントラを扱ってきたが、建機やクレーン車やミキサー車はその隣接領域にあった。一つの会場で仕入れができるから業者には好都合です。しかし建機は別な検査を要するから、バントラとは会場を分けたほうがよいという判断で現在の体制ができました。まだ農機はバントラと一緒にしているが、やがてバントラから分けなければならないと思います。例えば大農場で使うトラクター類などは北海道の広大なスペースに展示したほうがよい。そこで動かしている映像を送ってオークションした方が臨場感がありますね」

――いつしか「オート」と文字が取れて、オークション事業へと変わったようです。これは当然の成行きですか。

「すべての日本で使われている中古品はオークションの対象になるというのが私の考え方です。今扱っている物の隣接分野に需要があります。日本の医療機器などは中古品がアジア・アフリカ諸国で需要があるはずです。メンテナンスのために専門家を常駐させなければならないなど問題もありますが、それさえクリアすれば将来有望な分野です」

――オークションの対象は限りなく広がるということでしょうか。

「例えばいま日本では空き家対策に対応を迫られています。都市の無住の家は権利関係が錯綜しているから除外して、地方の住む人がなくなった家を古民家風にリニューアルしてオークションにかける。インバウンドで日本に来て半定住を志す外国人が対象です」

――荒井商事はいまオークション・カンパニーと食品流通&遊技カンパニーに事業を両立させています。その理由は。

「同じ流通でも中古品オークションと食品では頭の使い方が違うと思ったからです。社員も車が好きだからオークションへ、ブラジルに興味があるから食品流通&遊技へというのがよくある志望動機ですが、入社してみると、人事交流も生まれているんですね」

――車の急速なEV化など技術の進歩は著しく、経営環境も変化するでしょうが、それらへの対処は。

「技術革新は一面では商品を早く陳腐化させ、中古品へのサイクルをはやめるでしょう。しかしそのスピードがどれくらいか、それを取り巻く社会はどうなるか。常に目配りして先を読む必要がある。わが社では、人工知能を利用したビッグデータから近未来を予測するプロジェクトチームとオークション会場の人の動きから生の情報を収集するスタッフとの協業で、起こるべき変化にアプローチできればと思っています」

（文中敬称略）

第３部
荒井商事はどう進もうとしているのか
——荒井亮三の日記から

育成研修風景

荒井商事がオートオークション事業に進出したのが１９８７年（昭和62年）、今年２０１７年（平成29年）で30年になる。この間にオートオークション事業の内容も周囲の状況も大きく変化している。

この節目に何か記録を残しておこうという構想が建てられた時、関係者の間で内容について一応のコンセプトが出来上がった。

第一部をオークション事業の現在と今後、第二部を荒井亮三を語り手としながらこの事業を育ててきた荒井商事という会社の歴史。そして第三部では、将来荒井商事はこうあるべきだという未来の姿を描いてみたい。

それも現在から13年後、２０３０年あたりを視野に入れてみたらどうかと、いう案であった。

荒井商事に今年入社した人達がその頃には中堅になっている。たとえば彼らの未来構想などを聞きながら、わが社のこうありたいと思う姿を描き出してみたら面白い。荒井社長もはじめにその案に乗り気であった。だが具体的にどう書くかを考えた時、これは難しいと思ったという。

１９７０年頃、日本は未来学がブームだった頃があった。作家や研究者がデータやアイディアを持ち寄って未来を構想するのだが、描き出された未来図は明るく、科学はここまで進歩する、人の暮しのレベルはここまで向上するという手放しで楽観的なものだった。そこに描かれた未来技術はすべていま実現されている。というよりも当時の予測をはるかに上回る次元に達している。

それから10年を経過した1980年代の未来予測のトーンは一変して滅亡論的な色合いを帯びた。たとえばコミックの世界でも、核戦争で人類のほとんどが死滅したあとも、廃墟となった東京に行きたがった少年少女たちといったテーマがよく見られた。しかも今の世の中、変化の速度が速い。5年前に考えられなかった技術が実用化され、われわれの生活やコミュニケーションを根本的に変えている。

一方では環境問題や日本の人口減少など、ずっと前から警告が発せられていたにもかかわらず、対策が遅れて、ますます深刻化している。

こんな中で誰に未来が語れるというのか。私たちが求めているのは未来予測やそれを興味本位にシミュレーションしたデータではなく、自分は変化の中でこう生きていきたいという明確な意思とそれを的確に裏づけるデータなのである。

業界の未来を語るシンポジウムなどといった催しがあるが、そこで語られる識者の意見は、どうもデータの解説や先行の研究者のデータ引用などが多く納得性に乏しい。偉そうなことは言うまい。自分に与えられた環境の中で未来を考えるしかないのか。

私は、荒井亮三がいつも若い人に言っていることを思い出した。何かいままでにない新しい事態に直面した時は、「どうして?」とか「どうするか?」と、3度自分に問いかけてみよう。未来シミュレーションなどという前に、まず自分がそれを貫くべきではないか――ということを。

私は荒井社長に問いかけてみた。

「荒井さん、日記をつけてますか」

「中学生まではつけていました。まあいまはその日の行動をメモしていますが」

「本は読みますか」

「できるだけ読もうとしてテーマが気になった新刊書は買っているが、積読《つんどく》になっているのも多いですね」

「私、他人の日記を読むのが好きなんです。ブログもそうだけど、よく雑誌にこの人の週刊、月刊日記というのが掲載されているでしょう。作家、事業家、研究者、芸能人、スポーツ選手、アーティスト、いろんな人が書いているけど、どれも面白い。それはなぜか。日付入りだから読者は自分の行動に合わせながら読んでいるのです。

　この人、私がぶらぶらしている時間にテーマを掘り下げて勉強しているなとか、さすがに面白い遊び場所を知ってるなとか、同じ本を読んでいるのに読みどころが違うなとか。同時性を伴った共感がある。荒井さんも書いてみませんか。それらを読んだ若い人たちは必ず何らかの反応を起こしますよ」

　私のこのすすめに乗って、荒井亮三はメモ程度の日記風のものや読後感などを公開する決心をしてくれた。期間はこの本の準備を開始した２０１７年４月からオークション事業創業記念日を１ヵ月後に控えた９月までの半年間とし、内容は社長のメモや談話をもとに私が記述したことをお断りしておく。

4月某日　30周年記念出版物をどう作るか。スタッフが集まって第一回目の打ち合わせを日本橋の東京本部で行う。出版プロデューサーの今井恒雄さんは、様々な出版事業の現場を体験してきたベテランで、特にアニメの世界では実績を持つ人だという。ライターの森彰英さんは、出版社の雑誌編集者からフリージャーナリストに転じ多くの著書があるが、最近書いた文章にこんな自己紹介があった。

「最近の関心事は、まちと人の動き。常に都市空間に目を向け、そこで人がどう動き、どんなソフトが創出されるかに目を向けてしまう」、そして自分のライフスタイルについてもこう書く。

「自分をノマド（都市遊牧民）と規定して、毎日必ず外出して人に会い〝まち〟を歩く。出先のカフェをサードプレイス（職場と家庭以外の第三の空間）としてそこで本を読んだり原稿を書く」。

つまり行動型の都会人である。今度の仕事にも好奇心と行動力を発揮して取り組んでくれることを期待した。

そもそも、オートオークションとは何か？　という森さんの質問を受けながら、最近の状況を説明する。それを聞きながら森さんは、自分が抱いていたオートオークションのイメージを少しずつ修正し、実像を組み立てていく。彼はこんなことを言った。

「ひところ美貌の女性骨董商を主役にしたミステリーにはまっていた。オークションと聞くとどうも人対人のスリリングな場面を想像してしまう。それにぼくらの世代は車文化にあこがれを持っていた。だからカーオークションというと独特の響きを感じるが、ここでは中古車が主役なんですね」

「中古車というと、昔、カーディーラーに密着取材した時のことを思い出しました。車を販売する時に下取の条件が決め手になるのはわかったが、下取された車がどこへ行くかが疑問だった。あの時、もっと調べておけば別の視点から車社会が書けたかも知れません」

「そう言えば新聞社の仕事をしていた頃、中古車ジャーナリストという人と知り合った。洒脱なおじさんだったが、すべての関心が中古車市場の動向に集中しており、車についてほかの話題には目を向けないのに驚きました」など。

私の話を聞き、メモを取りながらの呟きだが、こうした間合いが面白い。こんなやりとりを重ねるうちに、お互いの波長が一致して良い仕事ができるのだろうか。面談して雑談する妙味を感じる。メールによる文書の交換ではこの広がりがない。とにかく一度オークション会場を見学しようということで打ち合わせを終了。昼食に出る。

5月某日　このところ、私のファイルには新聞や雑誌から切り抜いた記事がアトランダムに詰め込まれているが、その見出しに踊るのはＡＩ（人工知能）、ＩｏＴ（モノのインターネット）、クラウド、ＥＶ（電気自動車）など。それらは未来技術として紹介されているのではなく、現実にいま進行している企業のプロジェクトの状況である。

このような状況を表現した「第四次産業革命」という言葉があるが、本当に現在が革命期になりうるのか。昨年末に読んだ「第四次産業革命―ダボス会議が予測する未来―」クラウス・シュワブ著（世界経済フォーラム訳。日本経済新聞社）という本を再読した。

「これまでのところ、技術は主に物事をより簡単に、より速く、より効率的な方法で行うことに寄与してきた。そして、個人的成長の機会ももたらしてきた。しかし、私たちは恩恵もリスクも多いことに気づきはじめている。上述したすべての理由から、私たちは人類に継続的適応を求める根本的なシステム変化の入口にいる。その結果、変化を受容する者と抵抗する者という、世界の二極化の進行を目撃することになるだろう。」

まだほかにも赤線個所はたくさんあるが、書き写しはこの辺でやめておく。この本には「付録ディープシフト」として、近未来技術の数々を紹介しているが、それが単なる解説ではなく、「ＡＩと意思決定」、「３Ｄプリンターと人間の健康」などのようにわれわれ自身に関わる問題として捉えられているのがリアルである。

私は一気に読み終え、手近にあったメモ用紙に、「世界中の全てのデータを集約、無駄のない経済活動ができる社会をつくる」とか「プラットホームを作る重要性、小山バントラ」などと書き連ねた。当社の最大の強みであるバントラ、建機を核にしたプラットホームを構築し、派生するサービスを取り込むことで、圧倒的なナンバーワンを目指すことを再確認した。

5月某日　最近「ミレニアム世代の」という言葉をよく耳にする。１９８０年から２０００年に生れた今年17歳から37歳を迎えた世代で、世界ではベビーブーマーよりも多いとされ、存在感が際立つ。日本経済新聞5月3日号は「ミレニアム世代が創る世界」という記事を掲載しているが、その中でデロイト トーマツ コンサルティングの上田昭夫執行役員がこの世代の特徴についてこう述べている。

「ダイバーシティ（多様性）や移民に寛容で、既成の秩序には物足りなさを感じている。政治家や経営者については名声よりも未来の可能性で評価する。」

同記事では最近、電気自動車を生産する米テスラモーターズが最近、大手のゼネラルモーターズ（ＧＭ）やフォードを株式時価総額で追い抜いた例を挙げ、その原動力はミレニアム世代だったと指摘する。その根拠として挙げたアクセンチュアの川原英司マネジング・ディレクターの指摘は次のようである。

「ミレニアム世代はバリュエーション指標よりも経営者（＝イーロン・マスクＣＥＯ）の世界観を見ている。」

例えばマスク氏の事業は家庭用蓄電池や太陽光発電、宇宙ロケットにも広がる。世界で網の目のように設置するという充電ステーションと車、家庭、発電所をつなぎ、再生可能エネルギーとビッグデータの「プラットフォーマー」の座を狙う。その一方、環境保護で「地球と人類を救う」などの壮大な理念を掲げる。日本のミレニアム世代には、まだこのように突出した実業家は見当たらないとして、半導体材料などを生産するＪＳＲの小柴満信社長の「この世代の飲み込みの速さ、創造性を見込んで今から最先端のＩＴ（情報技術）教育を受けさせたい」と10年かけて理系社員１００人を米国に送り込む計画を紹介している。

同じようにデジタル・キッズという言葉も目につく。１９９０年代後半から２０００年代はじめに少年期を過ごし、スマホやゲームなどのデジタル技術の洗礼を受けた世代である。いま大学や企業にはその次世代の「デジタル・ドリーム・キッズ」を育成しようとする動きがあるという。キーワードは「ＳＴＥＭ（ステム）」で科学、技術、工学、数学の英語の頭文字をつなぎ、言葉で単に理系の優等生を増やすのではなく、論理的な思考や創造性を養うことに力点を置くという。

最近注目されているのは出版・ＩＴ大手のカドカワが通信制の「Ｎ高等学校」を開設、在校生はスマホやパソコンを使い、授業からレポート提出、部活までをネットでこなす学び方が話題になっている。

こんなふうにまたまた私にとって刺激的な情報が集まってくるのだが、ひるがえってわが社を眺めてみよう。

今年17歳～37歳がミレニアム世代というから新入社員から中堅社員までが、この世代に該当する。また彼らはかつてデジタル・ドリーム・キッズであり、今そのＯＢと言える。

私は彼らに私たちの世代には持ち合わせていない彼ら特有のセンスや能力を発揮してもらいたい。だからと言って、特定の人間を選別してどこかに武者修行に派遣したり、何かテーマを与えて能力を試し、結果について成功報酬を用意するなどという試みはしたくない。縁あって集まった事業共同体のひとりとして、共に能力を発揮していきたいのである。

このような発想から実施しているのが入社3年間の育成研修である。入社後3年間に新卒社員が月に1度程度、現場を離れ、東京本部に集合して育成研修に参加する。3年間約30回である。

5月某日　「2015年生育成研修」が午前9時30分から開催された。最初に研修生課題報告。あらかじめ決めて準備したテーマについて発表し、次のコーナーで私がアドバイスする。これはなかなか緊張感を強いられる。何しろ入社3年目といえば、かなり実務に習熟し、配属されている部署のいずれを問わず仕事については一家言持っている。そんな気迫が伝わって来る。

今日、3年次社員のA君が、結婚のオークションはどうかと発表した。物ではなく人と人の絆がテーマとなる結婚にオークションはふさわしくないと、その場の空気は否定的で、A君はあっさり引き下がったが、私は何か捨て難いものを感じて質問した。

「なぜ結婚とオークションが結び付くのかね」

「婚活パーティなんかでは自己紹介タイムというのがあって自分の学歴、職歴、現在の生活、趣味や将来の理想まで一定時間にしゃべりますね。仲人口ではなく本人が自分の言葉でアピールする。これは自分をオークションに出していることですよね」

「なるほど」

A君の持ちネタは新鮮で、話はどんどん広がる。こんなプランがすぐに具体化するとは思えないが、この発想だけは育てたい。私たちにとって雑談は頭の体操になる。

このあと当社の吉川慎二顧問が、ビジネスプランを考える上でのアドバイス。昼食を挟んで午後は工藤正文顧問によるまたビジネスプランの作成。事例研究として「スタバ・ネスレのサービス価値提案」が取り上げられた。そして為替・経済勉強会として「BESTプランでビジネスプランを考える」の話を聞いて午後6時30分終了。ぎっしり詰まって瞬時も気が抜けない1日だが、これが3年間繰り返されることで仕事人として確実に成長している。

この研修会で報告されるビジネスプランとはどんなものか。オークションカンパニーからの参加者3人の例を紹介する。

小山支店のMさんは、小山四輪会場での第61期落札台数上位5社に対してヒヤリングを実施し、その強みと弱みを分析し、その弱みを補っている強みとは何かを具体的に指摘する。そこで浮かび上がるのが落札後の下見代行で、その費用対効果、総合的な収益を明示した。

同じく小山支店のＩ君は下見代行を取り上げ、下見処理速度の向上、下見依頼件数、収益の向上などの問題点を取り上げた。他社の魅力までを分析し、今後の課題、問題点を浮かび上がらせた。

ベイサイド支店のＴ君は、ディーラーの書類代行サービスを取り上げ、そのプロセスを綿密に検討した。このＴ君のプランは前回に指摘された問題点を修正した再提案で、さすがに細かいところまで配慮が行き届いた報告になっている。

私は新しい発見を書き込みながら傾聴していた。このようにして現場でプロフェッショナルが育っているのかという感慨にとらわれた。

彼らの報告に接していて、ただ一つ感じる不満は文章に個性が感じられないことである。話をすると各人各様の個性が感じられるが、レポートの文章を読むと、どうも画一的で、その人らしい表現がない。言っていることはわかるが、どこかで見た文章スタイルなのである。考えてみると、これはネット社会の弊害ではないか。今の若い世代は世の中の動きをほとんどネットで察知する。大学生の４割が、まったく新聞を読まないというデータがある。

社会で働いている人のほとんどが、仕事を始める前にスマホでその日のニュースを検索してから始動している。ところがヤフーニュースに代表されるようにネットのニュースはヘッドラインに順番がある。その上位にあるニュースが世の中で重要なニュースだと思いがちだが、そのランキングを決めるのはニュースの配信者だ。それもサイトを見る各自の検索実績をもとにランク付けがなされるから、上位にあるニュースが一般的には必ずしも重要とは限らない。おまけに文体が統一されている。画面へのレイアウト先行だから、情報発信者の微妙な感情の動きなどは切り捨てられ、読みやすさが画一的にならざるをえない。

そんなネットの文体がひところ批判を浴びたキュレーション（まとめサイト）でさらに増幅される。どこかに掲載された文章が勝手に接合・複合され、あたかもそれが定説のように流布してしまう。こんな状況に慣れてしまうと、自分が書く文章がどこかで出会ったパターンを踏襲して画一的になるのも無理はないと思う。

だから君たち、何かを考える時はまず周囲の人と雑談風に話し合おう。そこから得られた共感や反論などを加味しながら、まずこんなことを主張したいというメモを作ろう。それをさらに人に話したり、必要なデータを加え、今の段階で私はこう思うという筋立てを構成しよう。パソコンに向かうのはそれからでよい。活字世代の最後尾にいる私の、少し繰り言風な問題提起である。

6月某日　先日の話のついでに、私、荒井亮三流のメディアへの接し方を紹介しておく。私はいまだに活字情報をメインに置くが、情報収集のスタンスの基準をイギリスとアメリカに置いている。すなわちイギリスの週刊誌『エコノミスト』とアメリカの新聞『ニューヨークタイムズ』を欠かさずに読む。そのあとは日本の新聞数紙に目を通すが、一覧式というか、必ずしも一面から読み始めるのではなく、パッと開いて目にとまった記事を拾う。小さな記事から仕事のヒントが得られ、数紙の記事を切り抜いて、その紙片を並べているうちにこれから何が起ころうとしているのか、われわれはそれにどう対処すべきか、という大きなテーマが浮かび上がってきたりする。

このスタンスは私の長い海外生活体験で得られた。当時、アメリカに住んで時々日本に帰国すると情報格差を感じた。リーマンショックもアメリカでは問題視されていたのに日本のメディアが騒ぎ出したのは問題発生後であったようだ。この差はどこから来るのか。

それはどうも日本のメディアの取材力にあった。新聞の現地取材スタッフが情報源とするのは現地の政府機関、知日派の学者、在外有力企業などだ。気軽に街に出て、人の動きを観察し、庶民の声を聞いて来るなどという取材はほとんど行われないのではないか。いわゆる街ネタに乏しく、書いても採用されないからますます取材しなくなる。特にマイノリティへの視点が欠落していた。

２０１６年のアメリカ大統領選で日本のメディアは、最後までクリントンの圧倒的優勢を報道していたが、それはワシントンの高官情報のみに依存して南部諸州などにおける庶民の声に耳を傾けなかったからだといわれている。

考えてみると、私はアメリカ滞在中、どちらかと言えばマイノリティの立場に近かったし、日本に帰っても大所高所よりも街ネタを好む。それが得られるのは人との雑談である。特にテーマを決めないアトランダムな話の成行きの中で人の話に耳を傾けていると、不意に仕事のヒントがひらめく場合があるからだ。

それから数日後、久しぶりにイスラエルから帰国した友人に会った。彼のように外国で暮らしていると、どこか発想が日本人離れしてくる。彼はとつぜん言い出した。「街の金融業者のオークションというのはどうですか」。ひところ猖獗《しょうけつ》をきわめた日本のサラ金は貸金規制、利息の過払い返還訴訟で打撃を被り、大手は銀行傘下で生き延びたが、街の中小金融は経営難に陥った。良心的な業者で引当金などを頼りに生き延びている業者対象のオークションを開催し、再生のきっかけにするというのである。

これなどはいまだに金融業界のテキストとなっているコミックの『ナニワ金融道』に近い話だが、発想の転換にはなる。

7月某日　私の週末はたいがい自宅で過ごす。土曜、日曜に続けて本を読んでいることが多い。今週はデービッド・アトキンソン著『新・所得倍増論』（東洋経済新報社）。題名から何か新種の金儲け本を想起するが、読み始めてたちまちのめりこんだ。日本人が自国の経済力についてこんなにまで思い違いをしていたのか、ではそれを再生していくにはどうしたらよいかを明確に示している。何が思い違いを生んだのか。著者はその原因を「人口減少」に求める。

本の始まりに近いところからガツンと食らわせる個所を引用する。

日本は、一見するとすばらしい実績を挙げているように見えます。たとえば世界ランキング第3位のGDP総額、世界第3位の製造業生産額、世界第4位の輸出額、世界第6位のノーベル賞受賞数――枚挙にいとまがありません。しかし、これらすべては日本に人口が多いことと深く関係しています。本来持っている日本人の潜在能力に比べると、まったく不十分な水準なのです。潜在能力を発揮できているかどうかは、絶対数のランキングで見るべきでなく、「1人あたり」で見るべきです。それで見ると、1人あたりGDPは世界第27位、1人当たり輸出額は世界第44位、1人当たりノーベル受賞数は世界第39位。潜在能力に比べて明らかに低すぎる水準です。（同書「はじめに」より）

これまでどこでも見なかった指摘である。この後、著者は次々と日本の現実を指摘して、なぜそうなのかを解明していくがその筆致は実に明快で核心に迫る。全体を通じて誰それはこう言っているという引用が1ヵ所もない。数字的なデータを信用するだけで、すべてが著者の意見なのである。こんな思い切ったことをいう本は最近読んだことがない。

気が付けば外国人の著者で訳者の名前がないが、著者略歴を見ると、英国生まれでオックスフォード大学で日本学を専攻、ゴールドマンサックス社に勤務した後、日本に定住した。裏千家の宗匠でもある。現在、伝統文化財を修復する小西美術工藝社取締役社長とある。なるほど、こなれた日本語をつかう。

この本のキーワードは「人口ボーナス」（人口の増加が経済にもたらす影響）で、戦後の日本はこの影響で成長した。この勢いを受けて、１９７７年以降の日本経済は生産性重視よりも「人口ボーナス依存型」を続けるうちに、気が付けば経済成長が止まってるというのである。つまり日本型資本主義は人口激増時代の「副産物」に過ぎなかったと著者は言い、この大転換期にあたり、パラダイムを切り替え、何をすべきかを提示する。その指摘の中にはなるほど納得させられるものが多い。

「日本人は会社や個人の利益よりも公益を重視する」と言われるが、あれは建前で、本当は個人の利益にあまりにも過保護すぎるという例証としてこの近年、マンションが激増し、京都の町家が並ぶ伝統的な街並みが破壊されている状況を描くが、京都育ちを妻に持つ私には身に迫るのだ。とにかくどこから読み始めても引き入れられ、日本の現状と将来を考えさせられる。

これに対して吉川洋著『人口と日本経済—長寿、イノベーション、経済成長』（中公新書）は引用の多い本だ。ケインズ、マルサス、マックス・ウェーバー、ブレンターノ、シュンペーターなど、世界の経済学者が次々と登場し、学説のオークションを行っているようだが、読み進むうちにいま進んでいる日本の人口減少という問題が浮かび上がり、未来の姿までが描かれる。著者は「経済成長の鍵を握るのはイノベーションであり、日本が世界有数の長寿国であることこそチャンスなのだ」というが、本当にそうか。これは私たちが生きて仕事をしている実感から確かめるほかない。

8月某日　72回目の終戦記念日。戦後に関する本を衝動的に買った。小熊英二著「生きて帰ってきた男―ある日本兵の戦争と戦後」(岩波新書)と藤原てい著「流れる星は生きている」(中公文庫)。

「生きて帰って…」は現代史研究家の慶應義塾大学教授が自分の父の入営からシベリア抑留、戦後の流転生活などを綿密に聞き書きした本。

「流れる星…」はソ連参戦の夜、夫と引き裂かれた妻が愛児3人と言語に絶する体験をしながら日本に辿り着くまでのノンフィクションだ。2冊とも戦争を知らない世代の私などには、衝撃的な内容であり、また感動ひとしおの本だった。「流れる星…」は30年後に文庫化されたが、今井さんも森さんも、この本が書店に並びベストセラーになった頃を子供心に記憶しているという。

「すぐに映画化もされた。戦争物というよりも〝危機からの脱出〟がテーマであったようです。その先行としてはやはり日本女性が大陸の戦場から脱出する『熱砂の白蘭』というのがあった。このあたりを引揚映画のルーツとすると、次のパターンは外地から日本に引き揚げてきた男女が焼け跡で巡り合い運命が変わるというパターン、林芙美子の原作を映画化した『浮雲』、それから歌謡曲を映画化した『上海帰りのリル』や『江の島悲歌《エレジー》』なんかもこの系譜かな」

と、森さんはいう。これぞ雑談の極致。それにしてもどうしてそんな解説ができるのか。森さんは１９４９年から54年頃まで発行されていた「スクリーン&ステージ」という週刊紙をネタ元にあげた。４ページだが、その週に封切られた映画と舞台がすべて公平に扱われているから、大衆目線で映画、運劇の状況を把握するには好適なデータベースという。

これを入手するにはいささか強引な押し掛けオークションをやりましたと、森さんは思い出話を語った。細かい話は省略するが、なんとか手にした森さんは、はじめてオークションの醍醐味を味わったという。森さんは「まだその資料は料理し切っていません。生きているうちに何か活かしたいですがね」とオークションの思い出を締め括った。

９月某日　私の手元に1冊の本が届いた。「自動車リユースとグローバル市場―中古車、中古部品の国際流通」（浅妻裕・福田友子・外川健一・岡本勝規共著。成山堂書店）である。

この本のテーマが、研究者（経歴を見ると、最高齢が１９６４年生まれ、後がみんな70年代生まれ）たちの徹底的なリサーチを通して描き出される。国際リユースの歴史と制度、中古車輸出の地域的特性、ロシア・タイ・ミャンマー・アラブ首長国連邦・チリなどの地域的特性など。

また、第五章中古車の仕入れと輸出、オークションから始まる仕入れの仕組みが実にリアルに的確に描き出されている。われわれが説明してもここまで論理的にわかりやすく情報の伝達はできないであろう。
まえがきでいう「……資源輸入大国である日本が今後資源とどう向き合っていくべきか、あるいは国境を越えたリサイクル・廃棄物処理にどのように向き合っていくべきか、という課題に関するヒントを提供できればとも考えている」という視点にも大いに共感した。

（文中敬称略）

あとがき

いまは、ネットから大量の情報が取得できる時代である。未知の土地の画像、特定の人物に関する情報、学者の研究論文など、何でも目の前に現われる。それらを基にした情報が拡大再生産されていく。これに歯止めをかけるようにメディアの現場では昔から言われ続けた教訓、「とにかく事が起こっている現場へ行け、人に会ってじかに話を聞け。必ず新しい発見がある」が繰り返されるが、ともすればそれが風化しそうな気配がある。

幸いなことに私は２０１７年の４月から９月までの間、オートオークションという未知の分野を自分の足で歩き回るフィールドワークの機会に恵まれた。その半年間、連日、新しい出会いによって自分の思い違いが訂正され、未知の領域に直面して何かを掴んでいくというスリリングな体験の連続だった。オートオークションというシステムがこれほど奥が深く、地理的には地球規模な、社会・経済的には未来への広がりを持っていることを実感させられた。ジャーナリストとしては最上の体験をさせいただだいた。

実はその手引をしてくれたのが荒井商事の荒井亮三社長である。荒井社長は最初から最後まで、ただひたすら私の発する愚問に丁寧に答え、それとなく方向を指示されるだけであった。また、ここが見たいとかこんな資料はないかという要求に対しても、行き届いた配慮を示して下さった。

仕事を愛し、企業経営者として独自のマインドを持ちながら、終始、謙虚な態度を崩さない。しだいに私はそんな荒井社長に敬意を持つとともに親近感を抱き始めた。取材を重ねるうちに話のテーマが未来論へ移行していることに気づいた。最近、特にIT企業の経営者には、われわれの想像の域を超えた未来社会の構図を語り、そのキーテクノロジーとなるのが自社の技術である式の発言が目立つのだが、荒井社長はそれとは違う。

あくまでもオートオークションの発展形を「オークション」という人類が共有してきた社会的システムに還元して捉え、それが何に適用できるかを近未来への視線として考える。そんな着実な未来志向が、荒井社長を起点として荒井商事全体に広がりつつあることを取材中に肌で感じた。

本書の第三部では、私が荒井社長に寄り添う形で、文章の中に入り込む形式をとったのも、そのような未来志向を確かめてみたかったからである。そして、あらためて感じたのは荒井社長の誠実さ、ヒューマンな心、さらに社員に対する思いやりである。

最後に、取材に協力いただいた荒井商事の方々、資料に記載された証言者の方々、特に『週刊中古車ガイド』の記事には大いにお世話になり、心から御礼申し上げます。

２０１７年10月

森　彰英

アライオートオークション 略年表

1987年（昭和62年）	グループ	東京本社に「オークション開設準備室」設備
	小山会場	「関東中央オートオークション」が栃木県小山市にオープン（現アライＡＡ小山４輪）
1989年（平成元年）	ベイサイド会場	「ＫＣＡＡ湘南２輪オークション」が神奈川県平塚市にオープン（現アライＡＡベイサイド２輪） 「ＫＣＡＡ湘南４輪オークション」が神奈川県平塚市にオープン（現アライＡＡベイサイド４輪）
1990年（平成2年）	グループ	総称ＫＣＡＡを「ＡＡＡＩ（アライオートオークションインターナショナル）」に統一 会員向けオリジナル月刊広報誌「トピックス」発刊
	小山会場	「ＫＣＡＡバントラオークション」が栃木県小山市にオープン（現アライＡＡ小山バントラ）
1991年（平成3年）	グループ	オリジナルＡＡ相場本「クリーンページ」発刊 「愛シティ仙台」と業務提携
	福岡会場	「ＡＡＡＩ福岡４輪オークション」が福岡県粕屋郡にオープン（現ＫＣＡＡ福岡・アライ福岡） 「ＡＡＡＩ福岡２輪オークション」が福岡県粕屋郡にオープン（現アライＡＡ福岡２輪）
1992年（平成4年）	仙台会場	「ＡＡＡＩ仙台」が宮城県黒川郡にオープン
1993年（平成5年）	グループ	小山・仙台会場、「相互間映像ＡＡ」試験実施
	仙台会場	開催日を土曜より「火曜」に変更（アライ仙台）
1994年（平成6年）	福岡会場	福岡４輪「入札会」実施

1995年（平成7年）	グループ	「FNX（自動計算書FAX送信システム）」導入（計算書の送付を速達郵便からFAX送信へ） 出品リスト、社名別リストFAX取り出しシステム「Fネット」稼働 「外商部」がオート事業部内に設立
	小山会場	ポス席100席増設、大型モニター、下見検索システム機設置、会員ボックス増設、コンピュータシステム交換
	ベイサイド会場	コンピュータシステム交換、ポス席100席増設、下見検索システム機設置
1996年（平成8年）	グループ	「AAAI輸入代行センター」設立
1997年（平成9年）	グループ	「第50回NAAA（ナショナルオートオークション協会）」総会に出席（カリフォルニア）
	小山会場	小山バントラ、月2回開催から「月3回開催」へ変更 「新会場オープン」、敷地10，000坪拡大、総面積5，5000坪、ポス1，500へ増設、完全映像化
1998年（平成10年）	グループ	AAAIホームページ」開設 「不在応札システム」導入開始 AAAIインターネットオークション」スタート 「仮計算書印刷システム」稼働
	小山会場	小山4輪、「完全2レーン」稼働開始
	福岡会場	福岡4輪、「第1回三菱オートオークション九州」開催
1999年（平成11年）	グループ	AAAIグループ入会会員数「10，000社」突破 「単品支払いシステム」稼働 オークネット、中部オートオークション（現CAA）、ベイオーク、日本自動車流通ネットワーク（現アップル）との共同出資により「アイリンクス」設立
2000年（平成12年）	福岡会場	「パーツガレージセール&フリーマーケット」開催
2001年（平成13年）	グループ	共有在庫業販システム「CTNET21」開始 アライオートオークションのCIを変更。総称を「アライオートオークショ

		ングループ」とし、各会場を「アライオートオークション○○会場」と統一 小山・ベイサイド会場、「アライネットワーク映像コーナー」開始
	小山会場	小山バントラ、月3回開催から「毎週開催」へ 小山「JU衛星ネットオークション」接続開始
	ベイサイド会場	「アライAAベイサイド4輪オークション」が神奈川県川崎市にオープン 「オークネットライブオークション」接続開始
2002年（平成14年）	グループ	下見代行サービス「チョイス5」開始 小山・ベイサイド会場「お試し会員」実施
	ベイサイド会場	「アライAAベイサイド2輪オークション」が神奈川県川崎市にスタート
2003年（平成15年）	グループ	「日本輸入自動車オークション（株）（JIA）閉鎖」に伴い、会員を受け入れ「アイオーク」全会場接続開始 「JU入札ネット」全会場接続開始
	小山会場	小山バントラ、「2レーン化」オークション開始
	ベイサイド会場	ベイサイド4輪、「神奈川県三菱ディーラー」開始
	福岡会場	福岡4輪、「トラック入札会」実施
2004年（平成16年）	ベイサイド会場	ベイサイド4輪、「JU衛星ネットオークション」接続開始 ベイサイド4輪、「輸入車正規ディーラーコーナー」開始
2005年（平成17年）	グループ	外商部、「オンラインショッピング」（インターネット販売）開始 「Quick Search Light（出品車両情報検索サービス）」開始 「アライ・KCAA業務提携」、インターネット相互乗り入れ開始
	小山会場	小山4輪・バントラ「オークネットライブオークション」接続開始 小山4輪「JU栃木提携コラボレーションAA」「BCN提携コラボレーションAA」開始
	ベイサイド会場	ベイサイド4輪、「マツダディーラーコーナー」開始

	福岡会場	福岡4輪、「マツダディーラーコーナー」開始 福岡4輪、「スズキオートオークション九州協賛コーナー」開始
2006年（平成18年）	グループ	オリエントコーポレーションと提携、会員向け資金融資「オリコオークションカード」サービス開始 アライ・KCAA「会員共通化」開始 「アライ・ベイオーク業務提携」、インターネット相互乗り入れ開始 アライ・ベイオーク、「会員共通化」開始 「アライAAグループホームページ」リニューアル
	小山会場	第3、4駐車場他敷地内約8，600坪拡張
	仙台会場	「オークネットライブAA」接続開始
	福岡会場	福岡4輪、「第1回三菱＆マツダ＆スズキジョイント記念AA」開催
2007年（平成19年）	グループ	アライインターネットオークション リニューアル、「AI‐NET」へ 「アライ・BCN業務提携」、インターネット相互乗り入れ アライ・BCN「会員共通化」開始 「AI‐NETリアル」スタート
	小山会場	無線LANサービス「HOT SPOT」導入
	ベイサイド会場	無線LANサービス「HOT SPOT」導入 ベイサイド4輪、「スズキ協賛コーナー」開始
	福岡会場	福岡4輪、KCAA福岡会場に移転・統合し共同開催を開始
2008年（平成20年）	グループ	（株）オークサービスと提携、会員向け資金融資「ゆとりプラン」「ビジネスサポートローン」サービス開始 輸出ワンストップサービス「A．Xi．S」開始 （株）ブロードリーフと業務提携、中古パーツ受注センター、「パーツステーションNET」スタート 環境省が展開する「チーム・マイナス6％」に参加 「J‐デビットカード決済システム」全会場にて開始
	小山会場	小山4輪、JU栃木・BCNと「第1回ジャンボコラボAA」開催 小山会場リニューアル、全席モニター完備・4レーン対応システム導入

	ベイサイド会場	ベイサイド４輪、「ＪＵＭＶＥＡ協賛スペシャルＡＡ」実施
	福岡会場	バイクフェア&フリーマーケット実施
２００９年（平成21年）	グループ	輸出ワンストップサービス「Ａ．Ｘｉ．Ｓ」で「ＲＯ／ＲＯ船輸出サービス」開始 外商部、「アライ・ギフトモール」オープン
	小山会場	小山４輪、ＪＵ茨城提携コラボレーションＡＡ開始
	ベイサイド会場	ベイサイド４輪「ＪＵ神奈川・ＢＣＮコラボスペシャルＡＡ」実施
	仙台	無線ＬＡＮサービス「ＨＯＴ ＳＰＯＴ」導入 「検査講習会」実施
	福岡会場	福岡２輪、ＫＣＡＡ福岡会場に移転
２０１０年（平成22年）	グループ	（株）アイオークと提携「ＡＩ‐ＮＥＴｉ（アイ）」開始 外商部、小売販売促進ホームページ作成、ホスティングサービス「Ａ‐ｉｍｏ（アイモ）」開始 小売支援、一般ユーザー向けオートローン「カーアシスト」サービス開始 ＡＩ‐ＮＥＴ共有在庫サービス「ＡＡ在庫サービス」開始 （株）ブロードリーフと提携、「ＡＡ連携サービス」開始 米マンハイム・エクスポートトレーダー社（現：グローバルトレーダー）と提携海外インターネットオークション「エクスポートトレーダー」サービス開始 輸送会社「（株）フォーカス」設立
	ベイサイド会場	ベイサイド２輪「ビジター会員制度」導入
	仙台	「リミテッド会員制度」導入
	福岡	福岡２輪「ビジター会員制度」導入 福岡県オートバイ協議会と提携
２０１１年（平成23年）	グループ	荒井商事ミッションステートメントを制定 （株）カーセブンディベロプメントと提携

	小山	「AI-NET」が（株）JUコーポレーションの「JUナビ」とリアル応札接続と相互乗り入れを開始 （株）アイオークと中古車輸出代行サービスで業務提携 小山バントラ3レーンから4レーンへ変更
	ベイサイド会場	ベイサイド2輪、「オートサーバー」接続開始 ベイサイド4輪「JADRIリレーAA」開催
	福岡	福岡2輪、「オートサーバー」接続開始
2012年（平成24年）	グループ	車両検査情報のデジタル化導入 AI-NET「落札代行サービス」開始 メールマガジン、HTMLにリニューアル 無料無線LANサービス実施 子会社「アライオートオークション仙台株式会社」設立 AI-NET、共有在庫システム「店舗在庫サービス」開始 出品車両「複数枚画像表示」導入
	小山	小山4輪「JADRIリレーAA」開催
	福岡	広島県二輪自動車協同組合と提携
2013年（平成25年）	グループ	AI-NETサービス入会金無料キャンペーン実施 エクスポートトレーダー（現：グローバルトレーダー）入会案内ページリニューアル
	ベイサイド会場	ベイサイド4輪、「SUBARUディーラーコーナー」開始
	福岡	山口県オートバイ事業協同組合と提携
2014年（平成26年）	グループ	店舗在庫サービスがオートサーバーのASワンプラと接続開始 AI-NET、共有検索機能・店舗在庫（英語サイト）サービス開始 仙台、小山、ベイサイドの3会場で、募金型自動販売機を設置 AI-NET共有検索機能・店舗在庫で英語サイトのサービス開始
	小山	小山バントラ、「農機コーナー」開始 小山バントラ、「仙台ヤードコーナー」開始

		小山バントラ、4レーンから6レーンへ変更
	仙台	「オールJU東北リレー」に参加開始
2015年（平成27年）	グループ	AI-NET「落札代行サービス」でオリックス自動車入札会と接続
	小山	小山バントラ、「レンタリースアップコーナー」開始 小山会場敷地面積101．175坪へ拡張。 建機オークショングランドオープン
	ベイサイド	ベイサイド4輪、「Smapコラボコーナー」開始 ベイサイド4輪、「ガリバーコーナー」開始
	仙台	セリ機、モニター、POS席の交換及び増設
2016年（平成28年）	グループ	（株）オートサーバーが運営する「ASリアル」と接続開始 TAAとCAAグループ及び両社のWebサービスを運営する（株）シグマネットワークスとWebによる落札代行サービスの相互乗り入れを開始 AI-NETリアル入会キャンペーン実施 AI-NETが（株）JUコーポレーションの「即落サポート」、「JUテントリ」と相互接続開始
	小山	小山バントラ、「トラックボディーコーナー」開始
	アライ建機	「アライ建機神戸サイト」開始
2017年（平成29年）	グループ	AI-NET共有在庫システム「店舗在庫サービス」がTC-WebΣの「ストックワンプライス」と相互接続開始
	小山	小山バントラ、「アライバントラ神戸ヤードコーナー」開始
	アライ建機	アライ建機オークション専用ホームページを開設 アライ建機オークション単独グランドオープン
	ベイサイド	ベイサイド4輪、「野田ヤードコーナー」開始

荒井商事ホームページより転載

森 彰英（もり あきひで）

東京生まれ。フリージャーナリスト。東京都立大学（現首都大学東京）人文学部卒。光文社に入社、「週刊女性自身」の編集者を経て独立。数多くの雑誌、新聞の取材執筆に携わってきた。「イベントプロデューサー列伝」（日経 BP 社）「音羽の杜の遺伝子」（リヨン社）「ディスカバー・ジャパンの時代」（交通新聞社）「武智鉄二という藝術」（水曜社）「ローカル線 もうひとつの世界」「本ってなんだったっけ？」「東京 1964-2020」「『あしたのジョー』とその時代」（以上北辰堂出版）「少子高齢化時代の私鉄サバイバル」（交通新聞社）など著書多数。

オートオークション 荒井商事の挑戦

2017 年 11 月 3 日発行
著者 / 森 彰英
発行者 / 唐澤明義
発行 / 株式会社展望社
〒 112-0002 東京都文京区小石川 3-1-7　エコービルⅡ 202
TEL:03-3814-1997 FAX:03-3814-3063
http://tembo-books.jp
印刷製本 / モリモト印刷株式会社

ISBN 978-4-88546-334-1　定価はカバーに表記